只有走
出来的精彩
没有等
出来的辉煌

罗 金◎著

台海出版社

图书在版编目(CIP)数据

只有走出来的精彩,没有等出来的辉煌 / 罗金著. —北京:台海出版社,2016.8

ISBN 978-7-5168-1134-4

Ⅰ.①只… Ⅱ.①罗… Ⅲ.①成功心理–通俗读物 Ⅳ.①B848.4–49

中国版本图书馆 CIP 数据核字(2016)第 199799 号

只有走出来的精彩,没有等出来的辉煌

著　者:罗　金

责任编辑:刘　路

装帧设计:天下书装　　　　　版式设计:通联图文

责任校对:吕彩云　　　　　　责任印制:蔡　旭

出版发行:台海出版社

地　址:北京市朝阳区劲松南路 1 号　　邮政编码:100021

电　话:010-64041652(发行,邮购)

传　真:010-84045799(总编室)

网　址:www.taimeng.org.cn/thcbs/default.htm

E-mail:thcbs@126.com

经　销:全国各地新华书店

印　刷:北京高岭印刷有限公司

本书如有破损、缺页、装订错误,请与本社联系调换

开　本:710mm×1000 mm　　　1/16

字　数:160 千字　　　　　　印　张:14.5

版　次:2016 年 9 月第 1 版　　印　次:2016 年 9 月第 1 次印刷

书　号:ISBN 978-7-5168-1134-4

定　价:36.00 元

前　言

1

有句话说："你有理由等待美好事物的来临。"

于是，在忐忑的生存和高蹈的梦想间，你就这样开始了一场漫长的等待。

18岁读大学，你说理想是去环游世界；

22岁大学毕业，你说等工作以后再去；

26岁工作稳定，你说等买了房子以后再说；

30岁有车有房，你说等结婚了再带老婆一起去；

35岁有了小孩，你说等孩子大一点儿再去；

40岁孩子大了，你说养好了老人再去；

……

最后，你哪儿也没去。

然后你终于发现，人生不是过完一辈子要到达的某个终点，也不是整装待发、准备起程的某个起点，我们一直在路上，旅途的每一步都是人生，当下的每一秒都是"最合适"的时候。

所以，生命何须等待?!

2

传说能爬上金字塔顶端的只有两种动物，一是飞鹰，二是蜗牛。

飞鹰掠过金字塔只需短短几秒的勇气，而蜗牛，却需要耗尽一生的光阴。它们走走停停，每天都努力地给自己制造惊喜，在贫瘠的生命里开出瘦瘦的花，然后没出息地惊叫起来。它们和闹脾气的左脚和解，在不想出发的清晨劝说自己上路……它们活得不像老鹰那样凶猛恣意，可是它们所需要的勇气，一点也不比老鹰少。

或许到了最后一刻，蜗牛都没有触摸到金字塔的顶端，或许它行到了半路，却又折返，或许它不够格写进童话里，被孩子们敬佩。可是啊，它记得它跟自己对话的那些晚上，也记得看到小花的惊喜感，还记得如何小心翼翼地绕开一颗小石头……在路上的它，跟出发前的它，已经不一样了。

退一万步，就算现实真的步步紧逼，情怀节节败退，你也先勉强交手几个回合吧。这世界才刚虚晃一枪呢，你别掉头就跑呀。

请正视住在你躯体里的虚荣心、好胜心和不甘心；并且足够勇敢地和人生真相短兵相接吧，在你侥幸逃离时、蒙混过关时、一时怯懦错失时，请用意志和希望把自己重新拉回到一条更值得坚持下去的路上。

3

终于，你明白了，生命只有走出来的精彩，没有等出来的辉煌。

于是，你从前受到一点质疑就忙着掉转方向，现在却学会了坚定前行。你明白了，人是会变的，不是越来越容易妥协，而是越来越有韧性；不是看多了苦难越来越麻木，而是因为苦难而产生了悲悯；不是看多了不公而越来越愤怒，而是因为现实而保持清醒。你要用阅历来涤荡你的赤子之心，争取改变而不是抱怨，尝试懂得而不是教训。

终于，你不计成本，不顾他人眼光，按照自己真实的意愿去活。哪怕已经看到了彼岸，哪怕听见了观众席上的鼓掌，哪怕筋疲力尽很想入港，可是当你知道那不是自己要的岸时，你还是会掉头，往苦海里去。

......

　　本书分五部分，与生活对谈，讲述清醒人心的故事，让你在纷繁复杂的生活里成长，在不可控的日常里把握自己——你改变不了世界，但能改变你自己。只有卸下日积月累的包袱，脚踏实地，才能奋力一搏，才能品味到成功的甘甜——潘石屹先生曾将这些品质概括为"永葆一颗纯洁、仁慈和意气风发的心"。

　　希望每一个阅读本书的年轻人放开手脚，大干一场！

目 录

"请你告诉我，我该走哪条路？"

"那要看你想去哪里？"猫说。

"去哪儿无所谓。"爱丽丝说。

"那么走哪条路也就无所谓了。"猫说。

——《爱丽丝漫游奇境记》

总是挂在嘴上的人生，就是你的人生；

人总是很容易被自己说出的话所催眠。

我多怕你总是挂在嘴上的许多抱怨，

将会成为你所有的人生。

——竹久梦二《出帆》

我确信生活就是一连串的尝试和失败。

我们只是偶尔获得成功。重要的是要不断尝试，勇于冒险。

——玫琳凯

我不敢在家休息，因为我没有存款。

我上班不敢偷懒，因为我没有成就。

我不敢说生活太累，因为我只能靠自己。

——豆瓣励志名言

Part 1

你想要去哪里？

"请你告诉我，我该走哪条路？"

"那要看你想去哪里？"猫说。

"去哪儿无所谓。"爱丽丝说。

"那么走哪条路也就无所谓了。"猫说。

——《爱丽丝漫游奇境记》

01章

迎风向前，
赐你理由再披甲上阵

1.没有方向，什么风都不是顺风

古罗马原是意大利的一个小城邦，公元前3世纪罗马统一了整个亚平宁半岛。公元前1世纪，罗马城成为地跨欧亚非三洲的罗马帝国的政治、经济和文化中心。罗马帝国为了加强其统治，修建了以罗马为中心，通向四面八方的大道。据史料记载，罗马人共筑硬面公路8万公里，这些大道促进了帝国内部和对外的贸易与文化交流。公元8世纪起，罗马成为西欧天主教的中心，各地朝圣者络绎不绝。据说，当时从意大利半岛乃至欧洲的任何一条大道开始旅行，只要不停地走，最终都能抵达罗马。英语中有一句著名的谚语叫：条条大路通罗马。

事实上无论从哪条路走，我们都可以走很远。关键是，我们到底要到哪里去。有句话说得很好，"没有方向，什么风都不是顺风"，一个人没有自己的理想和奋斗目标，那他的人生是低迷的、消沉的，他会觉得他活着没有意义。而如果一个人有了自己的理想和奋斗目标，他会整天精力很旺盛地为之奋斗，他会觉得活着真好。人生是漫长的，要知道自己身处何处，那需要我们树立奋斗目标和执着的信念，并去奋斗、去追寻、去拼搏。

美国财务顾问协会的前总裁刘易斯·沃克曾接受一位记者就有关稳健投资计划基础的访谈。他们聊了一会儿后，记者问道："到底是什么因素阻碍了你无法成功？"沃克回答："模糊不清的目标。"记者还是不怎么明白，就请沃克进一步解释，他说："我在几分钟前就问你'你的目标是什么？'，你说希望有天可以拥有一栋山上的小屋，这就是一个模糊不清的目标，问题就在'有一天'不够明确，因为不够明确，成功的概率就会很小。如果你真的希望在山上买一间小屋，你必须先找出那座山，找出你想要的小屋现值，然后考虑通货膨胀，算出5年后这栋房子值多少钱；接着你必须决定，为了达到这个目标每个月要存多少钱。如果你真的这么做，你可能在不久的将来就会拥有一栋山上的小屋，但如果你只是说说，梦想就可能不会实现。梦想是愉快的，但没有配合实际行动计划的模糊梦想，则只是妄想而已。"

有了明确的目标，才会为行动指出正确的方向，才会在实现目标的道路上少走弯路。盲无目标地飘荡终归会迷路，而你心中那一座无价的金矿，也因不开心而与平凡的尘土无异。事实上，漫无目标或目标过多，都会阻碍我们前进。有了明确的目标，会使我们产生积极性，你给自己定下目标后，它就是努力的依据，也是对你的鞭策。随着你不断实现你的目标，你就会不断产生成就感，在努力的过程中，你的思想方式和工作方式也会渐渐改变。无法衡量是否实现了目标，会降低你的积极性。

成功者都会为一个具体而明确的目标全力以赴！竭尽所能。

所有伟大的或成功的人物，都会把一项具体而明确的目标作为奋斗的基础。海伦·海勒一生专注于学习写作，尽管她从小就又聋又哑又瞎，但她最终成为世界著名的作家之一；惠特曼一生致力于写一本叫《草叶集》的书，结果成为美洲最伟大的诗人；乔治·派克一生致力于生产世界上最好的钢笔，虽然他仅在美国一个小镇上开始他的事业，但是他的产品派克牌钢笔成为世界上最著名的书写工具；亨利·福特一生致力于生产廉价小轿车，虽然他只受过四年小学教育，而且白手起家，但他最终成为那个时代最富有的人；比尔·盖茨立志要让所有的人都用上电脑，他的"视窗"最终征服了全世界……

那些有具体而明确目标的人，才会时时受人尊敬和注目，才会成就伟大的事业。而那些没有明确目标的人，有时连马路也过不了。这就是生活中的一项真理。

有人说：我希望我的工作和别人一样，既轻松又能拿到很丰厚的工薪，并且买一栋好房子，还要有一辆好车，这就是我的人生目标。这样设置人生目标，仿佛跑到航空公司里说："我买一张机票。"除非你说出你的目的地，否则人家无法卖票给你。

许多人埋头苦干，却不知道为什么要这样做，这样做是为了什么，盲目地去做，到头来发现追求成功的阶梯搭错了边，却为时已晚。因此我们务必掌握真正的目标，并拟定目标的过程，澄明思虑，凝聚继续向前的力量。

你是否有一个明确目标或目的？你必须有一个，因为你难以达到你并未曾有的目标，正像要你从一个从未到过的地方回来一样。除非你有确实、固定、清楚的目标，否则你就不会察觉到内在最大的潜能，你永远只是"徘徊的普通人"中的一个，尽管你可以是个"有意义的特殊人物"。一个人的目标不明确，就像一艘没有方向的船，永远漂泊不定，只会到达失望、失败和丧气的海滩。

2.唯一不变的，是航行的目的地

无论是在生活中还是在工作中，你都应该清楚你的目的和目标。这话听起来非常简单，但是，在实际的生活和工作中，要做到却不容易，我们必须学会寻找我们人生的航向。

利兹·克林顿在全球最大的结算银行之一米德明斯特银行的员工培训部工作。她于一年前加入了一个由大约40名训练者组成的工作小组。该小组的目的是给经理人和管理者提供更全面的培训服务。然而，因为参与培训的人员数量不足，课程计划被取消，这个小组的工作处于停顿状态。她经常对她的经理抱怨道："我觉得我们正在浪费许多时间，我们不知道我们的目标是什么，我们正在做什么。我感觉好像失去了方向，就像是在黑暗中工作。"她的经理回答道："我也有这样的感觉。上个月，我们在进行信息技术方面的培训。这个月，我们被要求进行客户服务培训。但是，没有人给我们整体培训策略的指导和要求。"

利兹·克林顿若有所思地离开了。那天晚上，她告诉她的丈夫："亲爱的，我现在不能确信我是否适合眼前的这个工作。"她决定寻找另一份工作，换一下工作环境。后来，她在一家百货店做售货员。有一天，她在街上遇到她的前任经理，她说："虽然现在的工作收入比原来少，但是，我现在有工作目标。"她的前任经理回答："利兹，你很幸运，米德明斯特银行的员工培训部，现在仍然是一片混乱。"

有一项著名的调查，是关于目标对人生影响的。

调查对象是一群智力、学历、环境等条件相差不大的年轻人，调查结果显示：27%的人没有目标；60%的人目标模糊；10%的人有清晰但比较短期的目标；3%的人有清晰且长期的目标。25年跟踪研究的结果显示，他们的生活状况及分布截然不同。

那些占3%有清晰且长期目标的人，25年来几乎从来没有更改过自己的人生目标。25年来，这些人为了实现自己的目标一直不懈地努力着；25年后，他们几乎都成为社会各界的顶尖成功人士，他们中有不少人是白手起家的行业领袖和社会精英。

那些占10%有清晰但短期的目标的人，大部分生活在社会的中上层。他们具备共同的特点，那就是他们不断实现他们的短期目标，他们的生活状态稳步上升，成为各行各业的不可或缺的专业人士，如律师、医生、工程师、高级主管等。

而占60%的没有明确目标的人，几乎都生活在社会的中下层，他们能安稳地生活、工作，但都没有什么特别突出的成绩。

剩下的27%是那些长期以来没有目标的人群，他们大多生活在社会的底层，生活很不如意，常常失业，经常靠社会救济才能维持生活。他们经常抱怨他人，抱怨社会，抱怨世界不公平。

看了上面调查，大家应该看到一个明确的目标对一个人的一生有多么重要的影响。

想要有明确的目标，下面谈到的三个方面就需要注意。

（1）把模糊的梦想变成清晰的目标

是什么因素使很多人追求成功却无法成功？绝大部分的人会认为是他们的目标不明确。要想管理好自己的时间，要想有力地控制自己的人生轨迹，就要明确具体地制订自己的目标，不要让自己的目标停留在模糊的梦想状态。

（2）用自己的特长选定目标

明确自己的奋斗目标，首先目标要可行，可以通过自己坚持不懈的努力能够实现。每个人有每个人的实际情况，大家都有自己的特长、优势，也有自己的弱项；有自己向往的生活方式，也有自己的实际困难。因此，确定自己的奋斗目标时，应保证不要与自己的实际情况脱钩，要根据自己的实际情况、根据自己的特长设定目标。

（3）设定的目标要有连贯性

一个人不但要有明确的目标，而且要把长远的目标分成阶段性的目标，使自己在奋斗过程中看到希望，能够保持热情，保持自信，持之以恒地向前走，更快更好地实现目标，而不会因为距离目标太遥远、看不到成功的希望而心生疲惫，甚至放弃。

如果我们仔细分析航海者的图表，就会发现航程从出发点到终点站，其路径并不是一条直线，而是一条弯弯曲曲的连线。船长必须时时掌握船只前进的方向，以免船只因为水流、风向等外力影响而偏离航道。在大海中航行时，唯一不会改变的就是航行的目的地。人生仿佛就是大海中的航船，很少有一帆风顺的时候。

因此，在工作中我们追求的最佳目标不应该是最有价值的那个，更不应该是最辉煌或自己最喜欢的那个，而是对于我们的实力而言最有可能实现的那个。

著名的成功学大师谢利德·文森说过一句很深刻的话："如果没有一丝成功的希望，屡屡试验是愚蠢的、毫无益处的。"因此，目标要适当、合理、正确。有些时候，你虽然在某件事情上用了很大的努力，但你迟早会发现自己处于一个进退两难的地步，你所走的路线也许只是一条死胡同。这时候，最明智的办法就是抽身退出，去开始另一个项目，寻找新的成功机会。有时候，人们的失败，不是他们没有能力，没有机会，而是定错了目标。他们一味地坚持，甚至到了顽固的地步。而成功者则会避免这种不切实际的坚持，时刻以一种冷静客观的方式检查自己的性格在追求目标方面是否过于固执。

任何时候，你都应该做到审慎地运用智慧，作最正确的判断，选择正确方向，同时别忘了及时检视目标的方向，适时调整自己的目标和策略，放下无谓的固执，冷静地用开放的思路作出正确的抉择。每次正确无误的抉择都将指引你走向通往成功的坦途。

3.选准路就走，别退回来兜圈

许多年轻人总对自己的生活感到不满，时常觉得很烦躁，他们对于人生的目标举棋不定。不知道你是否有过诸如此类的困惑。

有位进入职场不久的年轻人这样说：

"我是个很有理想并且愿意为此努力的人，从小我就有很多目标，为了理想和事业，我付出了许多，学到了很多本领，却一事无成。比如，我在大学主修会计专业，因为我觉得那更实用；后来我觉得心理学在今后一定有很大的发展空间，我马上去选修心理学。工作后，我想踏实干好工作以证明自己，因压力大觉得不安稳，还去进修与我工作相关的计算机编程，我想我很快就会成为编程高手。目前，编程课程让我很疲惫，学习进度很慢，所以我很烦恼，为什么我这么努力却看不到成就呢？"

这位年轻人为自己选定了太多的目标，却没有坚持，总是不断变换和动摇。这就像在过一个陌生的十字路口，只要你选准一条路径直往前走，每一条路都可以通往目的地。可如果总是怀疑自己的方向不对，一次又一次地退回来选其他的路，那么不管你以什么样的速度走都总在原点附近徘徊，永远走不到你的目的地。你付出的越多你就会越觉得疲劳和辛苦。

　　约翰是一家广告公司的小职员。刚到公司上班时，约翰很勤奋，很快就掌握了工作技巧，做起事来得心应手，每天大约只用一半的时间就能完成老板交代的工作。空闲的时间一多，他便想起自己学生时代曾写了一半的长篇小说——一直以来，当个小说家也是他的梦想之一。于是在空闲的时间里他便继续了他的文学创作。

　　有一天，老板发现了他的秘密，这令约翰很不安，但老板并没有因此批评他，而是与他进行了一次开诚布公的交谈。

　　老板很温和地问他："我看过你的小说，写得还不错呀！但是，我希望你能和我说说，对人生，你有什么样的规划？"

　　这个问题早在五年前他就想过，所以他信手拈来，告诉了老板他的很多梦想，比如当一名作家、一名设计师、一个企业的高级管理者、一名出色的服装设计师……

　　老板很认真地听他说完，没有对此有任何评价。只是说："给你讲个故事。在森林里，三条猎狗追赶一只土拨鼠。情急之下，土拨鼠钻进了一个树洞里。这个树洞只有一个出口。三只猎狗就死守在树下。过了一会儿，一只兔子钻出树洞，飞快地跑，跑着跑着就爬到一棵大树上。兔子很得意，在树上嘲笑下面的三只猎狗，结果它得意忘形，一不小心从树上掉了下来，砸晕了正仰头看它的三条猎狗。兔子趁机逃掉了。嗯，想一想，这个故事有什么问题吗？"

　　约翰觉得很有趣，认真地想过后说："第一，兔子不会爬树，第二，一只兔子不可能同时砸晕三条猎狗。"

　　老板笑着说："分析得不错，可是，最重要的问题——土拨鼠哪儿去了？"

约翰恍然大悟："是呀！怎么把它给忘记了？"

老板笑着说："这只土拨鼠就好像是你最初为自己设定的人生目标。显然，这个目标被你忽视了。想必你已经忘记了，当初刚进公司的时候，你曾信心百倍地说过一句话——'我要做一个出色的广告人'，正是这句话打动了我，我才让你到我的公司里来的。"

约翰这才明白老板的用意。这时老板又补充说："我相信你是广告策划方面难得的人才。我只是想提醒你，人的精力有限，要想做到面面俱到，是不太现实的。好好做你的广告策划，你会前途无量的。至于写小说，搞设计，最好只当成业余爱好。要记住，人生的目标不能太多，人这一辈子若能把一件事做得出色，就已经是很大的成功了。"

此后，约翰便时常用这话来敲打自己，两年后，他终于升为广告策划总监。

一般情况下，人们对生活的迷失都是所要或所想的太多，而又一时达不到目标造成的。这种想法使很多人不能将精力专注于一项事业，他们总是目标多多，精力分散，总是做着这件事，又想着那件事，最后什么也做不好，还错过了许多近在咫尺的成功机会。所以他们永远也快乐不起来，因为他们永远都不能实现自己的理想。

大凡成功人士，都能专注于一个目标。伊斯特曼致力于生产柯达相机，这让他赚得盆满钵满，也为全球数百万人带来了不可言喻的乐趣；比尔·盖茨一心做软件开发，终成为世界首富……

每天都花一点点时间问一下自己的内心真正想要的是什么，什么才是自己最快乐最满足的理想。慢慢地，你会发现，那些遥远的不切实际的梦想和杂念都是你追逐美好生活的累赘，而那些离你最贴近的事物才是你的快乐所在。把精力集中在这些最让你快乐的事情上，别再胡思乱想偏离正确的人生轨道。只要我们一次只专心地做一件事，全身心地投入，就一定会收获更多的成功和快乐。

4.给自己"一分钟的目标"

俄国著名作家列夫·托尔斯泰曾给自己确定了一个生活的准则，他强调："人活着要有生活的目标：一辈子的目标，一段时间的目标，一个阶段的目标，一年的目标，一个月的目标，一个星期的目标，一天、一小时、一分钟的目标。"

查理·库冷先生曾以一种有创意的比喻表达了他对机会的见解。他说："成为伟大的机会并不像急流般的尼亚加拉瀑布那样倾泻而下，而是缓慢的一点一滴。"

目标也是这样，当你有一个大目标时，一下子实现并不是那么容易，所以你要化整为零，将大目标分解为小目标。把这一个个小目标实现了，那么离大目标也就越来越近了。

有了目标，我们还要为实现目标做计划。也就是说，把大目标分解为一个个具体可行的小目标，每天都努力地向目标靠近，哪怕每天靠近一点点，不要将自己的目标束之高阁。比如一个人的人生目标是做一位有知名的骨科医生，为所有骨科患者服务。现在看来这个目标或许太大，无法实际操作。因此还要进一步分解。他的目标可以这样分解：高中每学年的目标，初中每学年的目标，每学期的目标，每个月的目标，每天的目标。将大目标变成了每天都可以操作实践的小目标，这样就可以坚持不懈地督促自己。当然，不同的目标有不同的分解方法。之所以这样做，是为了保证目标的连续性和可操作性。只有每个小目标实现了，你的大目标才有可能变为现实。另外，在制订目标时一定要切合自己的实际情况。如果你好高骛远，所制订的目标无法实现，那就毫无价值了。

1984年，在东京国际马拉松邀请赛中，名不见经传的日本选手山田本一出人意外地夺得了世界冠军。当有人问他凭什么取得如此惊人的成绩时，他说了这么一句话：凭智慧战胜对手。

当时许多人都认为这个偶然跑到前面的矮个子选手是在故弄玄虚。许多人都认为马拉松赛是考验体力和耐力的运动，只有身体素质好又有耐性才有望夺冠，爆发力和速度都还在其次，说用智慧取胜确实有点让人怀疑。

两年后，意大利国际马拉松邀请赛在意大利北部城市米兰举行，山田本一代表日本参加比赛。这一次，他又获得了世界冠军。有人又问他有什么秘诀。

山田本一性情木讷，不善言谈，回答的仍是上次那句话：用智慧战胜对手。

在10年后，这个谜底终于被解开了，在他的自传中他是这样写的："每次比赛之前，我都要乘车把比赛的线路仔细地看一遍，并把沿途比较醒目的标志画下来，比如第一个标志是银行；第二个标志是一棵大树；第三个标志是一座红房子……这样一直画到赛程的终点。比赛开始后，我就以百米的速度奋力地向第一个目标冲去，等到达第一个目标后，我又以同样的速度向第二个目标冲去。40多公里的赛程，就被我分解成这么几个小目标轻松地跑完了。起初，我并不懂这样的道理，我把我的目标定在40多公里外终点线上的那面旗帜上，结果我跑到十几公里时就疲惫不堪了，我被前面那段遥远的路程给吓倒了。"

可见山田本一用的是分解目标这一智慧，这的确是一个很不错的方法。在一个大目标面前，或许我们觉得我们根本无法实现目标，常常会因为目标的遥远和艰辛感到气馁、怯弱，甚至怀疑自己的能力。而在一个小目标面前我们却往往会充满信心地完成。有些急功近利的人，一开始就给自己定下大目标，天长日久，当他发现目标离自己仍很远时，就会产生自卑心理而放弃一如既往的努力，其实，我们可以把每个大目标分成无数个我们可以实现的小目标，当你实现了每个小目标，认认真真做好了每一件事，大目标也就离你不远了。

有这样一则寓言：一只新组装好的小钟放在两只旧钟当中。两只旧钟"嘀嗒嘀嗒"一分一秒地走着，其中一只旧钟对小钟说："来吧，你也该工作了，可是我有点担心，你走完3300万次后，恐怕便吃不消了。""天哪，3300万次。"小钟吃惊不已。"要我做这么大的事？办不到，办不到。"它非常失望地站着。另一只旧钟见了说："别听他胡说八道，不用害怕，你只要每秒钟'嘀嗒'摆一下就行了。""天下哪有这样简单的事？"小钟高兴地叫起来，"只要这样做，那就容易多了，好，我现在就开始。"小钟很轻松地每秒钟"嘀嗒"摆一下，不知不觉中，一年过去了，它摆了3300万次。

在人生的道路上，每一个人最初都有远大的目标，可是，最终实现的人又有多少？半途而废丧失信心的人又有多少？

把大的目标分解，经常检查自己实现目标的状况，经常体验实现目标的快乐，用这样的方法，即使是遥远的马拉松，也可以跑得很轻松。

南非女作家戈迪默，15岁就发表了自己的第一部小说，轰动文坛。后来，她又相继写出了10部长篇小说和200篇短篇小说。曾数次被提名为诺贝尔文学奖的候选人，但是都在最后的关头被淘汰了。戈迪默毫不气馁说："我要用心浸泡笔端，讴歌黑人的生活。"并在自己新著的扉页上写下了这样的文字："内丁·戈迪默，诺贝尔文学奖。"并在后面打上了一个括号，括号内写着"失败"。她不懈地努力着，终于在1991年获得了诺贝尔文学奖。

清楚表述未来之梦及人生目标之后（这会帮助你把握方向），你就可以着手制订长期和短期的目标了。目标不单可以用业绩表示，也可以用时间表示。目标可以涉及人生的各个领域，视你想取得什么成就而定。积土成山，积沙成塔、积水成渊，积小胜为大胜，积小目标为大目标。这样一点一滴地去积累成功，就会赢得更大的成功。

5.你敢或不敢，机会就在那里

每个人成功的机会都是相等的，只不过是那些具备胆识、勇于挑战的人比平常人善于把握罢了。很多人是在别人的不认可甚至是鄙夷中获得成功的。要想获得成功，我们就得打破常规，敢于走别人从未走过的路。虽然看起来有点儿危险，但成功往往就躲藏在危险的后面。

19世纪中叶，美国人在加利福尼亚州发现了金矿，这个消息就像长了翅膀似的很快传遍全美，并吸引了很多美国人前来淘金。在通往加利福尼亚州的每一条路上，每天都挤满了去淘金的人。他们风餐露宿，日夜兼程，恨不得马上就赶到那个令人魂牵梦萦的地方。

在这做着美梦的人流中，有一个叫菲利普·亚默尔的年轻人，他仅17岁，是一个毫不起眼的穷人。

到了加利福尼亚州之后，他的"黄金梦"很快就破灭了：各地涌来的人太多了，茫茫大荒原上挤满了采金的人，吃饭、喝水都成了大问题。刚开始的时候，亚默尔也跟其他人一样，整天在烈日下拼命地埋头苦干，一天都是口干舌燥的。

他曾经不止一次地听到人说："谁给我一碗凉水，我就给他一块金币！"亚默尔很快就意识到，在这里，水和黄金一样贵重。可是大多数都被金灿灿的黄金迷住了，没有人想到去找水。

亚默尔马上下了决心，不再淘金了，而是弄水来卖给这些淘金的人，赚淘金者的钱。卖水其实很简单，挖一条水沟，把河里的水引到水池里，然后用细沙过滤，就可以得到清凉可口的水了。他把这些水分装在瓶里，运到工地上去卖给那些口干舌燥的人。那些人一看到水，就像苍蝇发现血迹，一下子就拥了过来，纷纷拿出自己的辛苦钱来买亚默尔的水解渴。

看到亚默尔的举动，很多淘金者都感到很可笑：这傻小子，千里迢迢跑到这里来，不去挖金子，而干这种玩意儿，没出息！

这本身就是一个大胆的决策，亚默尔自然不会被这些话吓回去，依然天天坚持到工地上卖水。

一段时间后，很多淘金者的热情减退了，本钱用完了，只好两手空空地离开了加利福尼亚。亚默尔的顾客越来越少，他也应该走人了。

这时，他已经净赚了6000美元，在那个年代，拥有这些金钱他已经算是一个小小富翁了。

我们不能因为害怕而拒绝一切尝试，要敢于抓住机会。如果一个人不愿意冒险，不敢试着抓住停留在自己面前一晃而过的机会，那么他就永远不会成功。相反，如果一个人坚定信心，善于把握每一个机会，那么他极有可能取得成功。冒险不一定成功，但是不冒险去尝试一定不可能成功。人要想在人生的战场取胜，机会是必不可少的，过度谨慎就会失去发展的大好机会，从而将属于自己的市场拱手让人。

"幸运喜欢光临勇敢的人。"这是西方一条有名的谚语。它向我们说明了冒险与机会是紧密相连的。冒险是表现在人身上的一种勇气和魄力，险中有夷，危中有利。倘若要创立惊人的战绩，就应该敢于冒险。

阿曼德·哈默是美国一位成功的冒险家、企业家。在人们向哈默请教获得财富的秘诀时，哈默总是摇摇头，反问一句："你敢冒险吗？"而有一段关于他的故事，更是可以让你看出冒险对于机会的重要性。

在一次晚会上，又有人请教哈默成功的秘诀。哈默皱皱眉头说："实际上，这没有什么。你只要等待俄国爆发革命就行了。到时候打点好你的棉衣尽管去，一到了那儿，你就到政府各贸易部转一圈，有买有卖，这些部门有两三百个呢！"

在别人看来，哈默的话对请教者显得很不尊重。然而事实上这正是20世纪20年代，哈默在俄国13次做生意的精辟概括。

1921年，哈默还是一名医生。那时的苏联经历了内战与灾荒。哈默本可以选择坐在清洁的医院里安稳地度过一生，可是他在战乱中看到了商机。于是他作出了一般人认为是发了疯的抉择：踏上了被西方描述成地狱似的可怕的苏联。

当时，苏联被内战、外国军事干涉和封锁弄得经济萧条，人民生活十分困窘；霍乱、斑疹、伤寒等传染病，还有饥荒严重地威胁着人们的生命。列宁领导的苏维埃政权采取了重大的决策——新经济政策，鼓励吸引外资，重建苏联经济。但很多西方人士对苏联充满偏见和仇视，把苏维埃政权看作可怕的怪物。到苏联经商、投资、办企业，被称作是"到月球去探险"。

哈默心里当然也知道这一点，但风险大，利润必然也大，值得去冒险。于是哈默在饱尝大西洋航行中晕船之苦和英国秘密警察纠缠的烦恼之后，终于乘火车进入苏联。沿途景象惨不忍睹：霍乱、伤寒等传染病流行，城市和乡村到处都有无人收殓的尸体，专吃腐尸烂肉的飞禽，在人们的头顶上盘旋。哈默痛苦地闭上眼睛，但商人精明的头脑告诉他，被灾荒困扰着的苏联目前最急需的是粮食。他又想到这时美国粮食大丰收，价格早已惨跌到每蒲式耳一美元。农民宁肯把粮食烧掉，也不愿以这样的低价送到市场上出售。而苏联这里却拥有美国需要的，可以交换粮食的毛皮、白金、绿宝石。如果让双方能够交换，岂不两全其美？从一次苏维埃紧急会议上哈默获悉，苏联需要大约100万蒲式耳的小麦才能使乌拉尔山区的饥民度过灾荒。机不可失，哈默立刻向苏联官员建议，从美国运来粮食换取苏联的货物。双方很快达成协议，并且初战告捷。

没隔多久，哈默成为第一个在苏联经营租让企业的美国人。此后，列宁给了他更大的特权，让他负责苏联对美贸易的代理商，哈默成为美国福特汽车公司、美国橡胶公司、艾利斯－查尔斯机械设备公司等30多家公司在苏联的总代表。生意越做越大，他的收益也越来越多，仅他存在莫斯科银行里卢布的数额就非常惊人。

第一次冒险使哈默尝到了巨大的甜头。于是，"只要值得，不惜血本也要冒险"，成为哈默做生意的最大特色。

你敢或不敢，机会就在那里。每一个人，都应该成为自己命运的设计师，都应该对生活承担责任。上天是公平的，只有付出才有回报，只有进行勇敢地尝试，机会才有可能来敲你的门。如果没有把握机遇的意识，你只能在消极的生活中"熬"过一天又一天，直到自己老去。

6.驯服机遇的烈马

机遇就像一个精灵，它来无影去无踪，令人难以捉摸。在实践活动中，如果你能在时机来临之前就识别它，在它溜走之前就采取行动，那么，你就能成功。

每个人都渴望抓住机遇，因为在某种意义上，机遇就是一种巨大财富，它对改变人生面貌具有巨大作用。很多的成功人士都有无不例外的人生，机遇成就了他们的事业，机遇带给了他们无尽的财富。但是机遇却又稍纵即逝，极不容易把握，有时也许只存在万分之一的可能，但是毕竟它存在着。只要有锲而不舍的毅力去争取，就一定能有所收获，有所建树。

19世纪，英国物理学家瑞利在无意中，他发现一个有趣的现象，在端茶时，茶杯会在碟子里滑动和倾斜，有时茶杯里的水也会洒出一些，但当茶水稍洒出一点弄湿了茶碟时，会变得不易在碟上滑动了。他想，这其中一定隐藏着什么原理，不能放过这一机遇提供的启示。于是他做出了许多相类似的实验，最终发现了一种求算摩擦的方法——倾斜法。

人要在有限的生命中创造出大事业，仅靠苦干蛮干是行不通的，要靠你富有智慧的大脑，要靠你那犀利的双眼看准时机并把握机遇，将它变成现实的财富。

要想抓住机遇，就必须具有识别机遇的眼光。我们处在一个充满机遇的世界，随时都有好机会出现在我们面前。但是，我们能不能认出它是一个好机会，则是关键。

一天，贵族西格诺·法列罗的府邸正要举行一个盛大的宴会，主人邀请了一大批客人。就在宴会开始的前夕，负责餐桌布置的点心制作人员派人来说，他设计用来摆放在桌子上的那件大型甜点饰品不小心弄坏了，管家急得团团转。

这时，西格诺府邸厨房里干粗活的一个小帮工走到管家的面前怯生生地说道："如果您能让我来试一试的话，我想我能造另外一件来顶替。"

"你？"管家惊讶地喊道，"你是什么人，竟敢说这样的大话？"

"我叫安东尼奥·卡诺瓦，是雕塑家皮萨诺的孙子。"这个脸色苍白的孩子回答道。

"小家伙，你真的能做到吗？"管家将信将疑地问道。

"如果您允许我试一试的话，我可以造一件东西摆放在餐桌中央。"小孩子开始显得镇定一些。

仆人们这时都显得手足无措了。于是，管家就答应让安东尼奥去试试，他则在一旁紧紧地盯着这个孩子，注视着他的一举一动，看他到底怎么办。这个厨房的小帮工不慌不忙地要人端来了一些黄油。不一会儿工夫，不起眼的黄油在他的手中变成了一只蹲着的巨狮。管家喜出望外，惊讶地张大了嘴巴，连忙派人把这个黄油塑成的狮子摆到了桌子上。

晚宴开始了。客人们陆陆续续地被引到餐厅里来。这些客人当中，有威尼斯最著名的实业家，有高贵的王子，有傲慢的王公贵族，还有眼光挑剔的专业艺术评论家。但当客人们一眼望见餐桌上卧着的黄油狮子时，都不禁交口称赞起来，纷纷认为这真是一件天才的作品。他们在狮子面前不忍离去，甚至忘了自己来此的真正目的。结果，这个宴会变成了对黄油狮子的鉴赏会。客人们在狮子面前情不自禁地细细欣赏着，不断地问西格诺·法列罗，究竟是哪一位伟大的雕塑家竟然肯将自己天才的技艺浪费在这样一种很快就会融化的东西上。法列罗也愣住了，他立即喊管家过来问话，于是管家就把小安东尼奥带到了客人们的面前。

当这些尊贵的客人得知，面前这个精美绝伦的黄油狮子竟然是这个小孩仓促间做成的作品时，都不禁大为惊讶，整个宴会立刻变成了对这个小孩的赞美会。富有的主人当即宣布，将由他出资给小孩请最好的老师，让他的天赋充分地发挥出来。安东尼奥孜孜不倦地刻苦努力着，最终成为一名优秀的雕刻家。

成功者从来不会坐在家里等待机遇的光顾。他们会走出去，在行动中寻找机会。虽然他们并不是每一次都能如愿以偿，但是，他们尝试的次数要远远多于那些做事犹犹豫豫的人，他们取得成功的概率自然也大得多。

机遇是烈马而不是绵羊，它只会被强大而有力的人驯服。在现实生活中，我们发现了机遇，是否一定能抓住它并借此改变人生呢？未必！

所以，要想抓住机遇，就必须勤修自己的能力。

年轻的保罗·道密尔流浪到美国时，他身上只剩下5美分，而且没有一技之长。他所拥有的，只是一个发财的梦想。他非常清楚，发财不能靠偶然的机遇，而要靠非凡的能力。他决心学会成为一个大老板需要的各种技能。

刚到美国18个月，道密尔换了15份工作。每份工作的性质都不同。对任何一项工作，无论是机修工还是搬运工，他都认真对待，绝不马虎。不过，一旦他完全掌握这项工作的技能，马上就跳槽。他不愿在自己熟悉的事情上浪费时间。

两年后，一位老板看中了他的才干和敬业精神，决定把整个工厂交给他管理。道密尔没有让老板失望，他把工厂管理得很好，他的收入也非常可观。可是半年后，他突然向老板提出辞呈，跳槽到一家日用杂品厂当了推销员。他认为，要成为一流商人，只有企业管理经验是不够的，还必须熟悉市场，了解顾客需求。推销无疑是一份最接近顾客的工作，于是，他放弃体面的职位和优厚的薪金，干起了推销员。

经过几年修炼，道密尔对自己的才能充满了自信。他用极低的价钱买下一家濒临倒闭的工艺品厂，经过一番整顿，很快使它起死回生，成为一家盈利状况极佳的企业。

其后，他再接再厉，买下一家又一家破产企业，并像个包治百病的神医似的，使它们重焕生机。他的财富也像雨季的河流一样，迅速飞涨。20年后，这位白手起家的青年轻轻松松迈入亿万富豪的行列。

在生活中，那些终生平庸的人有一种奇怪的想法：如果遇到很好的机会，我一定会做得很好。所以，他们老是哀叹自己没有机会。其实他们更应该问问自己，有没有为机会的到来做好准备？

机遇的意思就是：如果你做得很好，自然就会遇到很好的机会。

任何一个好机会，都产生于超常规的事件中，需要付出超常的努力以获得超常的利益。它对我们习惯的工作方式、生活方式甚至对我们认可的价值观都可能是一个挑战，我们需要以非常规的心态去看待它，并接纳它。这就是抓住机遇的秘密。或者说，这就是成功的秘密。

7.你只是"看上去很忙"

要想成功首先要量力而行，许多人好高骛远，终其一生也一事无成，因为他们的精力都耗损在焦躁的期盼中，对要做的事情并未真正投入必要的精力，看上去很忙，实际上是"穷忙""瞎忙"。

因此，如果你好高骛远，那就犯了一个大错误。目标远大固然不错，但目标就好像靶子，必须在你的有效射程之内才有意义。如果目标太偏离实际，反而无益于你的进步。

常常可以听到很多人哀叹自己这辈子"心比天高，命比纸薄"。其中原因，也许不是这些人真的"命运不济"，而恰恰在于，他们的"心比天高"。

一个人志气高远，壮志凌云，自然是好事；但是如果高得虚无缥缈，高得脱离了实际，那恐怕无论如何奋斗，终其一生也不会实现，这样的志气就是空想、幻影。当美丽的"泡沫"破灭的时候，就难免要自哀自嗟"命比纸薄"了。

如果一个人立志这辈子要如何如何，但不充分考虑自己的实际，就会像小蜗牛立志要爬上泰山之巅一样荒唐可笑。

古籍《于陵子》里讲过这样一个故事：

有一只蜗牛志气很大，要成就一番惊天动地的大业，它的目标是：首先东上泰山，估计得走三千年；然后南下江、汉，也得走三千年。而它反观自身，算了算只能活一天。于是这只蜗牛悲愤至极，转眼已枯死在蓬蒿之上，徒留下笑柄而已。

做人应该有志气，立大志，确定人生理想和目标；但在你为自己绘制奋斗蓝图时，一定要切合自身实际。"志当存高远"，但并不是说可以完全不顾自身的实际和社会的需求，一味追求高远。一个根本不可能实现的理想，只能是妄想空谈，这样的"志向"不但不能激发起前进的动力，反而会挫伤你的斗志，使人耽于幻想，一辈子一事无成，甚至自暴自弃，像那只蜗牛一样悲愤而死！

《于陵子》中的那只蜗牛的错误不在于只有志向没有行动，而在于不能从自身实际出发，树立一个切实可行的奋斗目标。这只志向远大的蜗牛不是不想行动，而是无论怎样行动，它的理想都根本不可能实现。此时，它应当做的是重新认识自己，修正志向，而不是"悲愤至极"。

世界上大多数人都是平凡人，但大多数平凡人都希望自己这辈子能成为不平凡的人。梦想成功，梦想才华获得赏识、能力获得肯定，拥有名誉、地位、财富。不过，遗憾的是，真正能做到的人，似乎总是少数。因为，他们都经意或不经意地陷进了好高骛远的泥潭里。

好高骛远者往往把自己的理想设计得高不可攀，而根本不知道应该把理想与自己的实际力量联系起来。

有些人做事情从来不考虑自己是否力所能及，于是作出了不切实际的决定，最终不是遭到失败就是弄出荒谬可笑的事情来。对于根本不可能的事，还是不要痴心妄想的好。

人生虽有许多种力量，但实力是建设人生最重要的手段和最基本的力量。在奔赴成功的艰辛路途中，我们绝不能好高骛远，我们需要的只有实力，唯有实力才能对人生的事业与理想起到帮助和推动作用，使人生增值。

被评为湖南省十大杰出青年农民的刘九生，是靠做木梳起家的。刘九生高中毕业时正赶上父亲因不慎失足而摔成了残疾，他为了照顾家庭，放弃了高考回到家里，整日过着"面朝黄土背朝天"的生活。年轻气盛的刘九生不甘心一辈子过这种一潭死水般的生活，他梦想着有朝一日自己能够发家致富，创一番大事业。为此，刘九生曾做过多种生意，但都未能成功。刘九生的父亲有一手做木梳的手艺，遂劝他做木梳，可刘九生认为一个大男人，做小木梳有什么出息，不愿意学。

有一天，刘九生正坐在墙角叹气时，父亲走过来，心平气和地对他说："孩子，是我对不起你，耽误了你考大学。但三百六十行，行行出状元。如果你能把木梳做好，也可以发财啊，你如果愿意学，我明天就教你。"第二天，刘九生就跟父亲学起了做木梳。他专心致志地学，几天就学会了，但每天只能做几把木梳。他们家比较偏僻，拿到集市上去卖，价格很低，慢慢地刘九生有点灰心了。但有一天，他到城里办事，发现城里一把木梳比家乡集市上要贵几毛钱，于是，他便挨家挨户去收购木梳，做起了木梳的批发生意。他很快就赚了五六万元钱。

看到村里人手工做木梳靠的是传统的方法，生产速度慢，有时货源还短缺，他萌生了办一个木梳厂的想法。厂子建起来了，他又四处寻找销路。

刘九生就是这样，踏踏实实地，凭着用心和刻苦，走上了事业成功的道路。现在，刘九生的"天天见"公司一跃成为全国最大的木梳生产企业之一，产品远销东南亚各国，公司总资产已达到千万元。

好高骛远者首要的失误在于不切实际，既脱离现实，又脱离自身，总是这也看不惯，那也看不惯。或者以为周围的一切都和自己为难，或者不屑于周围一切，终日牢骚满腹，认为这也不合理，那也有失公允。

不能正视自身，没有自知之明，是这类人的突出特征。其实每个人都该掂量自己有多大的本事，有多少能耐，不要沾沾自喜于过去某方面的那一点点成绩。要知道自己有什么缺陷，不要以己之所长去比人之所短。

脱离了现实便只能生活在虚幻之中，脱离了自身便只能见到一个无限夸大的变形金刚。没有坚实的基础，只有空中楼阁、海市蜃楼；没有切实可行的方案和措施，只有空空洞洞的胡思乱想，这是造成好高骛远的人生悲剧的前奏。

好高骛远者打心眼里瞧不起每天围绕在身边的那些小事，不屑于做它，这是造就好高骛远者人生悲剧的根本性原因。小事瞧不起不愿做，而大事想做却做不来，或者轮不到他做，最后只能一事无成。眼看着别人硕果累累，他空有抱怨、空有妒忌，就像那只可怜的蜗牛。

"三百六十行，行行出状元。"成功之路有千万条，别人成功之路自己当然也可以走，但这并不意味着每个人都可以走。因为人与人在兴趣、能力等诸多方面千差万别，每个人都有着不同于他人的"自身实际"。有志者确立自己的奋斗目标，一定要切合这个"自身实际"。

02章

明天过得怎么样，取决于今天的你怎么选

1.让青春学会选择

回首往事，人总是免不了有许多懊悔，发出"如果有来生，我……"的感叹。这个时候，你抱怨的其实并不是命运，而是你当初的选择。假如你当初是另一种选择，也许你还会对现状不满、感觉不尽如人意。

人生是一张单程车票，没有回头的机会，在你匆匆的步履中，一些不起眼、不经意的选择就决定了你今天的命运。人的一生，选择很重要。有时生活的好坏，全凭你某一刹那的决定。

在大学里，期中考试后的一天，班里的一个同学因为各门功课都考得一塌糊涂，所以忧心忡忡，在哲学课上无精打采。他的异常引起

了哲学教授的注意，教授拿起一张纸扔到地上，请他回答：这张纸有几种命运？

那位同学一时愣住，好一会儿，他才回答："扔到地上就变成了一张废纸，这就是它的命运。"教授显然并不满意他的回答。教授又当着大家的面在那张纸上踩了几脚，接着，教授又捡起那张纸，把它撕成两半扔在地上，然后，心平气和地请那位同学再一次回答同样的问题。那位同学也被弄糊涂了，他红着脸回答："这下纯粹变成了一张废纸。"

教授不动声色地捡起撕成两半的纸，很快，就在上面画了一匹奔腾的骏马，而刚才踩下的脚印恰到好处地变成了骏马蹄下的原野。最后教授举起画问那位同学："现在请你回答，这张纸的命运是什么？"那位同学的脸色明朗起来，干脆利落地回答："您给一张废纸赋予希望，使它有了价值。"教授脸上露出一丝笑容。很快，他又掏出打火机，点燃了那张画，一眨眼的工夫，这张纸变成了灰烬。

最后教授说："大家都看见了吧，起初并不起眼的一张纸片，我们以消极的态度去看待它，就会使它变得一文不值。我们再使纸片遭受更多的厄运，它的价值就会更小。如果我们放弃希望使它彻底毁灭，很显然，它就根本不可能有什么美感和价值了，但如果我们以积极的心态对待它，给它一些希望和力量，纸片就会起死回生。一张纸片是这样，一个人也一样啊。"

一张纸片可以变成废纸扔在地上，被我们踩来踩去，也可以作画写字，更可以折成纸飞机，飞得很高很高，让我们仰望。一张纸片尚且有多种命运，更何况人类呢？命运如同掌纹，弯弯曲曲，然而无论它怎样变化，永远都掌握在自己的手中。

有人说："我们老得太快，却聪明得太迟。"人生漫长而又短暂，能够决定一个人一生命运的，其实只是那么几步而已，而且也都是在一个人年轻的时候。当我们不会选择的时候面临选择、有多种选择，而当我们满腹经纶、有能力选择的时候，其实你已经没有多少可以选择的机会了。

有一个美国人，平常很爱喝酒，毒瘾也很大，脾气也非常暴躁，他因为看不惯一个酒吧的服务生就把人给杀了，然后被判终身监禁。这个美国人有两个儿子，老大跟他的老爸一样，毒瘾也很重，靠抢劫和偷窃为生，最后也判终身监禁。老二就不一样了，他家庭非常幸福美满，有漂亮的妻子和三四个孩子，是一家跨国公司分公司的老总。同一个老爸，两个截然不同的儿子，记者觉得很奇怪，去分别采访两个儿子的时候问："为什么会这样？"他们的回答令人惊讶。因为两个人的回答完全一样："有这样的爸爸，我还有什么办法？"

因为没有办法，这两个孩子不得不作出人生的选择，一人选择不变，而另一个选择了改变。成功是选择的结果，堕落也是选择的结果。每个人的前途与命运，都把握在自己的手中。升学也罢，就业也好，工作或创业都是如此。一个人只要奋发努力，就有机会取得成功。有人说："人生就是一连串的抉择，每个人的前途与命运，完全把握在自己手中，只要努力，终会有所成。"

选择生存是每一种生物体所具有的本能，连埋在地里的种子也有这样的力量。正是这种力量激发它破土而出，推动它向上生长，并向世界展示自己美丽与芬芳。这种激励也存在于人们的体内，它推动一个人完善自我，以追求完美的人生。一旦你有幸接受这种伟大推动力的引导和驱使，你的人生就会成长、开花、结果。反之，如果你无视这种力量的存在，或者只是偶尔接受这种力量的引导，就只能使自己变得微不足道，不会取得任何成就。这种内在的推动力从不允许人们停息，它总是激励着一个人为了更加美好的明天而努力。

人的一生中要面临的十字路口有很多，每一条路的尽头都是我们未知的结果，所以，一定要根据自身的价值取向，朝准一个方向，勇敢地迈出自己的第一步，让青春学会选择，让选择打造成功，让成功引领人生。

2.现实无法改变，命运可以选择

人的一生要作出很多选择。如入学、找工作、交友、婚恋等，都要进行选择。选择与放弃，是相辅相成的，选择就意味着放弃，放弃同时也意味着选择。比如，选择了清华，就意味着放弃了北大。选择到图书馆看书，就意味着放弃了在其他地方玩耍或做其他的事。每个人的时间和精力都是有限的，这就要求你必须作出一些选择。

选择，要做的是学会控制自我。在生活中，有太多太多插着鲜花的陷阱，面对这些诱惑或者威胁，只有把握住自己，才能作出正确的选择。纵观历史长河，有多少千古遗恨都是因为一时无法自控。生活的不如意是客观存在的事实，每个人都无法改变，至少暂时无法改变，但你可以选择，选择光明的世界，选择美好的人性。毕竟，生活的选择权掌握在自己的手上。

艾森豪威尔年轻时，经常和家人一起玩纸牌游戏。一天晚饭后，他像往常一样和家人打牌。这一次，他的运气特别不好，每次抓到的都是很差的牌。开始时他只是有些抱怨，后来，他实在是忍无可忍，便发起了少爷脾气。一旁的母亲看不下去了，正色道："既然要打牌，你就只能用你手中的牌打下去，不管牌是好是坏。要知道，好运气不可能永远光顾于你！"

艾森豪威尔听不进去，依然愤愤不平。母亲见他依旧气呼呼的样子，就心平气和地告诉他："其实，人生就和打牌一样，发牌的是上帝，不管你手里的牌是好是坏，你都必须拿着，你都必须面对。你能做的，就是让浮躁的心情平静下来，然后认真对待，把自己的牌打好，力争达到最好的效果。这样打牌，这样对待人生才有意义！"

母亲的话有如当头一棒，令艾森豪威尔在突然之间对人生有了直观的感悟。此后，他一直牢记母亲的话，并以此激励自己去努力进取、积极向上。就这样，他一步一个脚印地向前迈进，成为中校、盟军统帅，最后登上了美国总统之位。

印度前总统尼赫鲁曾经说过这样一句话："生活就像是玩扑克，发到手里的是什么牌是定了的，但你的打法却完全取决于自己的意志。"没错，上帝发牌是随机的，发到你手里的会有好有坏，分到什么就是什么，没有任何选择的余地和更换的可能性。

当你拿到不好的牌时，请不要一味地抱怨，因为抱怨对于你没有半点用处，现状也不会因为你的抱怨而有所改变。你能够做的，或者说应该做的，就是如何调整自己的恶劣心情，将自己手中并不算好甚至还有点糟糕的牌优化组合，并力求把每张牌都打好。

提起潘石屹和他的现代城、长城脚下的公社，几乎无人不知，无人不晓。许多人都羡慕他的成功，但是他的成功也不是从天上掉下来的。

1981年，潘石屹从北京培黎学校毕业，以第一名的优异成绩被石油学院录取。1984年潘石屹毕业后被分派到河北廊坊石油部管道局经济改革研究室工作。在那里，他的聪明和对数字天生的敏感博得了领导的赏识，并被确定为"第三梯队"。

有一次，办公室新分配来一位女大学生，她对分配给自己的桌椅十分挑剔。当潘石屹劝她凑合着用时，对方非常认真地说："小潘，你知道吗，这套桌椅可是要陪我一辈子的。"就是这不经意的一句话深深地触动了潘石屹：难道我这一生将与这套桌椅共同度过？正在思变的时候，他遇见远在刚刚开放的深圳创业的一位老师。他决定改变自己的命运。

1987年，潘石屹变卖了自己所有的家当，毅然辞职，揣着80元钱去广东打工，后来去了海南，与朋友开公司，自己做老板，开始了经商生涯。凭借着个人努力，潘石屹迅速完成了原始资本的积累。

1993年，潘石屹在北京注册了北京万通实业股份有限公司，任法人代表兼总经理，开始了在北京房地产界的创新与创业，如今他成为北京房地产业的一颗新星。

一个人可以靠选择来制造自己的命运。人的一生中充满了大大小小的选择，小到在餐馆点菜，大到选择人生信仰，选择不同，道路也会不同。鱼和熊掌都是人们所喜欢的，但每个人常常不能同时拥有。因此，你必须学会选择。人生也一样，面对繁复的世界，面临各种各样的选择，你必须认准自己的方向和目标，才能做出正确的选择。

总之，在人生的关键时刻，一定要用自己的智慧，去选择，去放弃，这样才能做出最正确的判断，从而选择正确的人生方向。同时，要注意你的选择角度是否存在偏差，以便适时地给予调整。不可否认，只有学会选择和懂得放弃的人，才能创造出美好的人生。

3.保持冷静，做理智的选择

在现实生活中，我们会发现一些人之所以不能够成功，并不是由于其智商不高，而恰恰就在于他们的内心不能够达到"空"与"静"的状态。从而阻碍了他们做出正确的选择。

传说叙拉古亥厄洛王让工匠做了一顶纯金王冠。金王冠做成后，样式很好看，而且重量恰好等于国王给工匠的金子的重量。这使国王起了疑心，怀疑工匠偷去了若干金子，而掺入了银子和其他金属。国王命令阿基米德在丝毫不损坏金王冠的情况下，查明金王冠中是否掺入了其他金属以及掺入的重量。

阿基米德苦苦寻找解决这难题的办法，但没有什么进展。他太累了，决定去洗洗澡，放松放松。他来到浴室，打开进水管，躺进浴盆里。温热的水浸泡着他，好惬意。他享受着这舒适的宁静……突然，他听到哗哗的水声。他睁眼一看，原来浴盆里的水已经满到盆口，正在往外溢。他赶紧从浴盆里出来，又看见水面已经低于盆口。他忽然领悟到一个极其重要的科学原理。他欣喜若狂，连衣服都没穿好，就往王宫跑去，大声喊着："我找到啦！我找到啦！"

他发现了两个原理：一是把物体浸在任何一种液体中，液体所排开的体积，等于物体所进入的体积；二是物体所受到的液体浮力，等于所排出的液体的重量。阿基米德将与金王冠等重的一块金子、一块银子和金王冠分别放在水中。金块排出的水量最少，银块排出的最多，金王冠在两者之间，这就证明了金王冠中一定掺入了其他金属。

在事实面前，工匠只得低下了头。

在这个故事里，我们看到阿基米德在身心完全放松的情况下，静静地独处，排除了身体内外的一切干扰，让思维在有意无意中自然游荡。这时，灵感产生了，以前理不清的事情，突然清晰地出现在面前。

这是一种独处静思的方式，即让大脑休息，从苦苦思索转为放松地、下意识地思索。独处静思要保持心灵的平静、身体的放松。可坐，可躺；可在室内，可在郊外。总之，要避开干扰，要消除紧张。

在平日我们看到有人遇到烦心事时，常会说："对不起，我要一个人待一会儿。"这样的人是聪明的，他会通过独处静思，使自己冷静下来，以一种新的平静的心态来重新看待所发生的一切。

我们也应该学会这一方法，并把它变成一种习惯。每天，最好是在晚上，或是清晨，抽出那么十几分钟、半个小时，找一个无人打搅的地方，静静地沉思冥想，或者干脆什么也不想，闭上双眼，深呼吸——吸气，吐气，再吸气，再吐气。当有杂念干扰我们的思想时，要轻轻地赶开它们，把注意力继续放在自己的呼吸上，一遍一遍重复做。这时候，我们心中的浮躁、焦虑、忧愁，就会慢慢地离去。

天竺高僧菩提达摩，在中国南朝梁代时，漂洋过海来到中国传授禅学。他来到中岳嵩山少林寺，寺中老僧对他并不热情，达摩便在寺后山上找到一个天然石洞。在蒲团上坐定，开始面壁修习禅定。这一修炼就是九年。因面壁时间久长，达摩的身形竟映入石中，留下了"面壁石"的奇观。

起初少林僧众对达摩面壁，都抱着看热闹的态度，洞口终日人声喧哗，但达摩并不受影响。九年过去，少林僧众都成了达摩的信徒，达摩由此成为中国禅宗始祖。

达摩面壁，是要使自己抵御住外界的诱惑，保持内心的纯净，"心如墙壁"，从物欲的困扰中解脱出来。静坐修炼，成为禅宗的一项重要修身方法。

日本卡通片中的一休小和尚，每次遇到难题，都要独自坐在树下，以手指按头，静坐一会儿，经过一番思索，总能找到问题的答案。

很多科学家也有独自沉思的习惯，伟大的发现和发明往往是在这时候诞生的。据说万有引力定律的发现，就是牛顿独自一人在苹果树下沉思时，一个偶然掉下的苹果，触发了他的灵感。

由此可见，一个人的心态只有达到了空与静的状态，才能"不以物喜，不以己悲"。不会因一时失意就大为沮丧，不因一时成功就得意忘形。拥有了这样的心态，无疑也就拥有了一切。然而，这样的人却寥寥无几。

如果一个人心浮气躁，他就看不清事物的本来面目，就会主观行事，一错再错；如果一个人心平气和，他就能认清事物的本来面目，就能够万事得理，一顺百顺。所以，凡事一定要保持冷静，才能作出理性而明智的选择。

4.做擅长的事让你先人一步

美国著名行为学家杰克·豪尔在题为《从自己的专长着手打造成功》的报告中，非常明确地指出："人与人之间的竞争，不是聪明与不聪明的比赛，而是不同专长的比较，或者说各自在专长方面显示的能力如何，成功者都是因为在专长上充分施展了自己的优势。如果一个人能在自己的专长上发挥上86%的能力指数，那么他就可以获取成功了。"

我们在开始就业过程之前，要对自己有一个清醒的认识，认清自己的优点、缺点、长处、短处。首先要从客观实际出发，估计一下自己能否胜任某项职业，扬长避短，而不是一窝蜂地冲向最热门的行业。

2006年，《鲁豫有约》节目采访中，Robin（在百度内部李彦宏的"昵称"）第一次在公开场合谈起了自己的"成功秘诀"。

二十年来，Robin一直在用自己的行动实践着这句话：人一定要做自己喜欢并专业的事情，从未离开自己喜欢的行业半步。

百度2005年上市后，就不断有人来劝Robin，"百度有钱了，应该涉足网络游戏，多个赚钱的业务。"那时网游在中国已非常热，国内的互联网企业纷纷投向网游运营商的行列。然而Robin的回答始终是"No"，理由很简单，这不是百度所擅长的。

2007年，中国一家门户网站自主研发的在线游戏收入达到上千万美元，在纳斯达克一石激起千层浪，一条清晰的坐拥用户群就可以赚到丰厚回报的盈利模式出现在大家眼前，这个行业更热了，业界的大公司纷纷把网游定为战略级产品部署重兵。

这天，有人拿着一组数据翔实的调研报告来找Robin，"从百度社区的用户来看，其中很多人都是网络游戏的玩家，他们每天花在网络游戏上的时间比搜索和社区的都长，既然用户有这方面的需求，我们是不是可以着手尝试涉足网游，让他们在百度平台上得到满足？"

Robin仔细地看完数据，平静地反问："数据确实证明了需求。但是我们做网游的优势又在哪里？"

"我们有这些用户啊，其他这些网站也都谈不上什么优势，只要有用户、有需求，就可以运营起来了。"

Robin缓慢地摇了摇头，坦白地说："刚回国的时候我就已看到了中国网民对网络游戏的热情高于其他任何国家的特殊形势。但我自己从来不玩网游，很长时间都搞不懂网游。我想，对于这种自己都不喜欢，更不擅长的事，即使商业机会摆在那儿，我也肯定做不过真正喜欢它的人。所以我选择了搜索。今天你让我选，我还是会这样选。"

"这个行业的利润比我们做搜索高多了！我们有这么充足的用户需求，不做，太可惜了。"

Robin想了想说："那么，我们可以尝试通过合作的方式，为网游厂商提供一个推广平台，让真正喜欢的人来做他们擅长的事，我们只在里边起间接作用吧。"于是，作为推广方式的第一步，百度游戏频道诞生了。业界很多人分析百度要进入网游领域分羹，分析师们也总是不停地探问，百度什么时候开始进入网游行业？而Robin从不为之所动，他的回答是明确的："暂时没有这个打算。"

在2003年、2004年好多人劝百度投入SP（移动互联网服务内容应用服务的直接提供者）业务"捞钱"时，Robin都以"这不是百度擅长的事"为由拒绝了。正是这样的取舍，使百度能够专注于自己喜欢且擅长的搜索领域，才取得了今天的市场领先地位。

以下提供几项建议，你在选择自己擅长的工作时可作为参考之用。

第一，阅读并研究有关选择职业的建议，这些建议必须是由最权威人士提供的。但不要听信那些说他们可以给你做几项测验，然后指出你该选择哪一种职业的人。这种人的做法已经违背了职业辅导员的基本原则，他们没有考虑被辅导人的健康、社会、经济等各种情况，也没有提供就业机会的具体资料，是毫无科学根据的。

第二，避免选择那些早已热门得不得了的职业。在美国，谋生的方法共有两万多种以上。想想看，两万多！但年轻人仿佛都不太了解这一点。结果呢？在一所学校内，三分之二的男孩子选择了五种职业——两万种职业中的五项，而女孩子中更有五分之四是这样。尤其是如果你要进入法律、新闻、广播、电影这些光鲜亮丽的职业，这些已人潮汹涌的圈子，你必须费一番大功夫。难怪总有少数的职业会人满为患，难怪白领阶层会产生不安全感和忧虑。

第三，避免选择那些工作机会只有十分之一的行业，如推销人寿保险。每年有数以千计的人未打听清楚，就贸然从事推销保险的工作。

第四，在你决定投入某一项职业之前，先花几个礼拜的时间，对该项工作作个全盘性的了解。如何才能达到这个目的？你可以和那些已在这一行业中从事10年、20年或30年的人士谈谈，这些会谈对你的将来可能有极深的影响。拿破仑·希尔在二十几岁时，向两位老人家请教过职业上的问题，后来回想起来，他发现那两次谈话其实是他生命中的转折点。事实上，如果没有那两次谈话，他的一生将会变成什么样子，实在是难以想象。

记住，你是要作出你生命中最重要且影响最深远的两项决定（事业与婚姻）中的一项。因此，在你采取行动之前，应该多花点时间探求职业的真面目。如果你不这样做，接下来的时间，你很有可能活在后悔之中。

另外，还得克服"你只适合一项职业"的错误观念！每个正常的人，都可以在多项职业上获得成功，相对地，每个正常的人，也可能在多项职业中成为失败者。以卡耐基为例，如果以他自修课程并准备从事下述各项职业，他相信，成功的概率一定很高，对于所从事的工作，也一定能深感愉快。这一类工作包括：农艺、果树栽培、农业科学、医药、销售、广告、报纸编辑、教育、林业。另外，他相信下述的工作，他一定不喜欢，而且也会失败：簿记、会计、工程、经营旅馆和工厂、建筑、机械以及其他数百项活动。这是卡耐基自述自己专长与职业关系时的事实，值得我们参考。

在这些选择职业应注意的事项中，不管有怎样的规定，都以选择自己喜欢、擅长的事为基准。

5.放弃是选择的跨越

在大森林的边缘住着一个农夫，有一年冬天，积雪覆盖大地，农夫家里的柴和米都没有了，他不得不出门滑着雪橇去拾柴。捡到了柴，农夫把它们捆起来后，他才发现自己快要被冻僵了。于是他决定先不要回家，就地点燃一堆火暖暖身子。当他在雪地上扒出了一块空地，发现了一把小小的金钥匙。他想，既然连钥匙都是金的，那么被锁住的东西肯定更值钱了，于是便往地里挖，不一会儿他挖出了个铁盒子。"要是这钥匙能打开这锁就好了！"他想，"这小盒子里一定有许多珍宝。"他找了找，却找不到锁眼。最后他发现了一个小孔，小得几乎看不见。他试了试，钥匙正好能插进。他转动了钥匙，可是他发现钥匙不但转不动，而且还拔不出来了，最终他一无所获。

这就是贪婪所带来的后果。试想一下，假如农夫把捡到的钥匙拿去换钱，那么他也许会有些收获，但是，他为什么非得去找另一个小盒子呢？其实，这就是造成人生不幸的原因之所在——自身的欲望。人性中，人们总是在拥有一点小利以后就向往着更大的财富，并总是想在大量的物质财富里获得幸福，结果，贪婪反而让自己一无所获。

人生中总是有许多十字路口，这些路口总是让人徘徊不定、犹豫不决，因为选择一条路的同时就意味着要放弃其他的路，这个选择的过程对于很多人来说都很无奈。然而，人生就是这样，你必须学会舍弃一些东西来成全另一些东西。假如你事事都想拥有，最终的结果往往是什么也得不到。比如，总是感觉自己时间不够用的人，其实就是犯了"贪婪"的错误。

贪婪是做人的大忌，做事情同样也是如此。一个人的时间是有限的，有限的时间自然不能做无限的事情，只有学会有所放弃，才是明智之举，就如同一句电影台词所说的那样：什么商品一旦到了批量生产的时候，质量就不能得以保证。

人生如演戏，每个人都是自己的导演，只有学会选择和懂得放弃的人才能创作出精彩的电影，拥有海阔天空的人生境界。不要再不断地抱怨自己的生活太忙碌，因为在那么多忙碌的事情中，总有几件事情是可以放弃的。如果你还在为那些蝇头小利而舍不得放弃，那么你的一生也注定了会碌碌无为。

1957年，松下毅然放弃了研究长达五年的大型电子计算机项目。这个消息令所有人都十分震惊，因为当时松下已经对此投资了约15亿日元，而他们的两台样机经过试用十分先进，很快就能大规模投入生产，推向市场。那么，松下为何放弃这样一个已经接近成功的项目呢？

在松下放弃这项研究前，美国大通银行的副总裁曾到松下进行访问，谈话中不知不觉就把话题转到电子计算机上。当副总裁听到日本目前包括松下在内，共有七家公司生产电子计算机时，吓了一跳。

他说："在我们银行贷款的客户当中，大部分电子计算机部门的经营似乎都不顺利，而且他们之所以能够生存下去完全是依靠其他部门的财力支持，几乎所有的计算机部门都发生了赤字。就拿美国的现状来说，除了IBM公司以外，其他的公司都在慢慢紧缩对计算机的投入。而日本竟然有七家这样的公司，未免太多了一点。"

大通银行的副总裁走后，松下对副总裁给的消息进行了仔细的考虑，最后决心放弃大型电子计算机项目。因为松下的大型计算机项目在接下来的科研、生产以及市场推广还需要投入近300亿日元，如果放弃，虽然损失15亿，但这个决定却可以避免300亿的损失。这个决定不但使松下更加专注于对电器和通信事业的发展，而且使松下慢慢成为电器王国的领头军。

看完这个故事，想必很多人都会为松下的"果断放弃"而感到敬佩不已。的确，松下的举动为人们树立了一个很好的榜样。人生苦短，世事茫茫，能成大事者，贵在目标与行为的选择。如果事无巨细，事必躬亲，必然会陷入忙忙碌碌之中，而成为碌碌无为的人。

能审时度势、扬长避短、把握时机地放弃，不仅是一种理性的表现，同时也不失为一种豁达之举。

兵法有云：伤其十指不如断其一指。这为我们在舍与得之间指明了前进的方向。无论做什么事，都不可缺乏在专业上的一技之长，眉毛胡子一把抓，样样精通，样样稀松，反而会使自己无所成就。因为这样的人忘记了"不怕千招会，就怕一招绝"的秘籍。古训说得好："欲多则心散，心散则志衰，志衰则思不达。"人的精力毕竟有限，往往穷尽全力也难以掘得真金。世界上最大的浪费，就是把宝贵的精力无谓地分散在许多事情上，而"有所不为"就是为了更加专注。

在有限的生命中，人们能够理智地作出选择，是十分难得的，这需要人们保持一颗淡然和超然之心。选择是人生成功道路上的航标，只有量力而行的睿智选择，才能拥有更加辉煌的成功。

很多人都在选择，选择自己想要的，选择适合自己的，选择自己喜欢的，却很少人去学习如何放弃。

其实，从某种程度上来说，选择的同时也是在放弃，而放弃的瞬间也是在做着选择，两者是互为相通的。

关键就在于，你会用怎样的心境看待它们。放弃是选择的跨越，只有学会了放弃，才会拥有一份成熟，只有学会了放弃，才会让自己多出一份稳重。生活的本质就在于此。

6.有做小事的精神，才有做大事的气魄

人，能一心一意地做事，世间就没有做不好的事。这里所讲的事，有大事，也有小事，所谓大事小事，只是相对而言。很多时候，小事不一定就真的小，大事不一定就真的大，关键在于做事者的认知能力。那些一心想做大事的人，常常对小事嗤之以鼻，不屑一顾。其实连小事都做不好的人，大事是很难成功的。

有位智者曾说过这样一段话，他说："不会做小事的人，很难相信他会做成什么大事。做大事的成就感和自信心是由小事的成就感积累起来的。可惜的是，我们往往忽视了它，让那些小事擦肩而过。"

勿以善小而不为，勿以恶小而为之。"小事正可于细微处见精神。有做小事的精神，就能产生做大事的气魄。"不要小看做小事，不要讨厌做小事。只要有益于工作，有益于事业，人人都应从小事做起，用小事堆砌起来的事业大厦才是坚固的，用小事堆砌起来的工作长城才是牢靠的。

有位女大学生，毕业后到一家公司上班，只被安排做一些非常琐碎而单调的工作，比如早上打扫卫生，中午预订盒饭。一段时间后，女大学生便辞职不干了。她认为，她不应该蜷缩在"厨房"里，而应该上"厅堂"。

可是一屋不扫，何以扫天下。一个普通的职员，即使有很好的见解，能被重用，也要受一段不短时间的煎熬，最重要的是要努力做出能让别人倾听到自己意见的资格和成绩，在别人眼里，你才能举足轻重，不易被人忽视。

因此，即使是小事，我们也应努力去做好。

曾有一位人事部经理感叹道："每次招聘员工，总会碰到这样的情形：大学生与大专生、中专生相比，我们也认为大学生的素质一般比后者高。可是，有的大学生自诩为天之骄子，到了公司就想唱主角，强调待遇。别说挑大梁，真正找件具体工作让他独立完成，往往都会拖泥带水，漏洞百出。本事不大，心却不小，还瞧不起别人。大事做不来，安排他做小事，他又觉得委屈，埋怨你埋没了他这个人才，不肯放下架子干。我们招人来是工作、做事的，不成事，光要那大学生的牌子干吗？

所以有时候，大学生、大专生、中专生相比之下，大专生、中专生反而更实际，更有用。"

现在，有的企业急需人才，而有的大学生却被拒于门外，不受欢迎，不被接纳，对此现象，该人事部经理算是道出了其中缘由。

人生价值真正的伟大在于平凡，真正的崇高在于普通，最平凡、最普通却又最伟大、最崇高。从普通中显示特殊，从平凡中显示伟大，这才是做人做事之道。

小事，一般人都不愿意做。但成功者与碌碌无为者最大的区别，就是成功者愿意做别人不愿意做的事情。一般人都不愿意付出这样的努力，可是成功者愿意，因此他获得了成功。

别人不愿意端茶倒水，你更要端出水平；别人不愿意洗刷马桶，你更要刷得明亮；别人不愿意操练，你更要加强自我操练；别人不愿意做准备，你更要多做准备；别人不愿意付出，你更要多付出。

每一件别人不愿意做的小事，你都愿意多做一点，你的成功率一定会不断提高。

同事不愿做的事情，你愿意去做；别人不想做的事，你愿意去做。只要你能做别人不愿意做的事情，只要你能做别人不想做的事情，你就可以成功。

因此，成功最重要的秘诀，就是去做别人不愿意做的小事。

因此，做事不可以被大小限制，被时间限制，被空间限制。人生三不朽，曰立德、立功、立言。因而，需要具有超越自我、超越时空的观念，跳出大大小小的圈子，成就最普通而又最特殊、最平凡而又最高尚、最渺小而又最伟大的事业。

一个矿泉水瓶盖有几个齿？

我们经常喝矿泉水，那么我问你，刚刚拧开的那瓶矿泉水，瓶盖上会有几个齿？对这个问题你一定会嗤之以鼻，觉得它太无厘头了。

一家电视台做了一期人物访谈，嘉宾是宗庆后。也许不是人人都知道宗庆后，但几乎没有人没有喝过他的产品——娃哈哈。这个42岁才开始创业的杭州人，曾经做过15年的农场农民，栽过秧，晒过盐，采过茶，烧过砖，蹬着三轮车，卖过冰棒……他在短短20年时间里，创造了一个贸易奇迹：将一个连他在内只有三名员工的校办企业，打造成了中国饮料业的巨无霸。

关于他的创业、关于娃哈哈团队、关于民族品牌铸造……在问了若干个大家感兴趣的题目后，主持人忽然从身后拿出了一瓶普通的娃哈哈矿泉水，考了宗庆后三个题目。

第一个题目："这瓶娃哈哈矿泉水的瓶口，有几圈螺纹？"

"四圈。"宗庆后想都没想，回答道。主持人数了数，果然是四圈。

第二个题目："矿泉水的瓶身，有几道螺纹？"

"八道。"宗庆后还是不假思考地一口答出。主持人数了数，只有六道啊。宗庆后笑着告诉她，上面还有两道。

两个题目都没有难倒宗庆后，主持人不甘心。她拧开矿泉水瓶，看着手中的瓶盖，沉吟了片刻，提了第三个题目："你能告诉我们，这个瓶盖上有几个齿吗？"

观众都诧异地看着主持人，不知道她葫芦里卖的是什么药。很多人赶到电视录制现场，就是为了一睹传奇人物的风采，有的人还预备了很多题目，向宗庆后现场讨教呢。可是，主持人竟将宝贵的时间，拿来问这样一个无聊题目。

宗庆后微笑地看着主持人，说，"你观察得很仔细，题目很刁钻。我告诉你，一个普通的矿泉水瓶盖上，一般有18个齿。"

主持人不相信地瞪大了眼睛，"这个你也知道？我来数数。"主持人数了一遍，真是18个。又数了一遍，还是18个。

主持人站起来，做最后的节目总结："关于财富的神话，总是让人好奇。一个拥有170多亿元身家的企业家，治理着几十家公司和两万多人的团队，开发生产了几十个品种的饮料产品，逐日需要决断处理的事务何其繁杂？可是，他连他的矿泉水瓶盖上有几个齿，都了如指掌。也许我们可以从中看到，他是如何一步一步走向成功的。"

人们恍然大悟，场上响起热烈的掌声。

不因小而失大，不因少而失多。抛弃大小的竞争，抛弃高下的念头，抛弃富贵的欲望，而一心一意从小事做起，就是洗厕所、扫大街，也会比别人打扫得更干净。

越是那种埋怨自己工作价值渺小的人，真正给他们一份棘手的工作时，他们越是退缩而不敢接受。具有十成力量的人，去做仅仅需要一成力量的工作，其中有生命的意义和悠闲的心情。在长远的人生中，这种生命的意义和悠闲的心情对于人格的形成与扩展，有决定性的帮助。

许多白手起家而事业有成的人，在小学徒或小职员时代就能以最高的热忱和耐心去面对上司给予他们的小工作，这是非常普通的事实。我们不可能用数量来衡量工作的大小，"大往往在小之中"。

7.最重要的是方向，其次才是速度

有这样一句话：快些到达目的地最重要的是方向，其次才是速度。

有人问："如果卢浮宫着火，你救哪幅画？"很多人回答要救《蒙娜丽莎》，著名作家贝尔纳的回答却是："我救离出口最近的那幅画。"他的理由是："成功最佳目标不是最有价值的那个，而是最有可能实现的那个。"

当你追求最有价值的目标——《蒙娜丽莎》时，很有可能未救出画，人就葬身火海。我们只能选择最有可能实现的目标，也就是最合适的目标。别人的目标是抢救最昂贵的，这位聪明的作家却选择正确的——最安全的。在信息时代的今天，勤勉和努力是固不可少的。然而，你还必须知道的就是：方向比努力更重要。固执己见，一意孤行，越有才干，犯的错误也就越严重。

每个人身上都有一种伟大的力量和能力，这就是选择的力量和能力，但你要学会如何去运用这种能力，要选择自己想要的，同时适合自己的方向，同时具有持久的行动执行力，梦想才会开花结果。

高尔夫球教练总是教导说，方向比距离更重要。因为打高尔夫球需要头脑和全身器官的整体协调。每次击球之前，选手都需要观察和思考，需要靠手、臂、腰、腿、脚、眼睛等各部位的有效配合进行击球。而击球的关键则在于两个"D"，即方向（Direction）和距离（Distance）。初学者中有不少人只想着把球打远，而忽视方向的重要性，其实，方向要比打远更重要！

人生就像打高尔夫球，如果方向对了，即使走得慢也能一步一步接近成功；可是如果方向错了，不仅白忙一场，还可能离成功越来越远。

既然方向对于我们如此重要，那么，怎样才能找到适合自己的人生方向呢？

（1）让心灵指引方向

在你做事情的时候，身边可能有很多人给你提出意见。这些意见是多种多样的，会让你一时之间迷失了方向。其实，每一个给你提出意见的人，都是带有一定的自我心理倾向的，他会在不自觉中将他的想法强加给你，或者对你有一定的精神依托。

这个世界上，不会有比你更了解自己的人，所以在寻找人生方向的时候，一定要首先考虑自己喜欢的是什么。只有喜欢，才能有激情，才能在追求理想的过程中感受到幸福和快乐，而不是一想到自己将做什么事情，心里就非常抵触，感觉头痛。

钢琴家郎朗刚开始弹琴时，家里人并不支持，甚至还有些反对，但是他一直坚持自己的观点，要弹琴，一定要在音乐的领域里实现自己的人生价值。经过他多次努力，家人终于不再阻止他，他也成功地走上了世界的大舞台。

选择方向，总会有许多的岔路口，但是不管处境有多么困难，我们都要注意倾听自己内心的声音，让心灵为自己的人生导航。

（2）策划人生方向要具体

很多人在规划人生的时候，容易犯"空""大"的毛病。可能我们在想：我想买一座大房子；我想买车；我想开一家自己的公司……但是我们很少想为了实现这样的人生目标，具体应该怎么做。

人生策划必须是明确的、清晰的、具体的，还要具有一定的可行性。如果你单单说，我想出人头地，那么是在哪一方面出人头地？怎样的程度才算是你心中出人头地的标准？这些我们必须想清楚。

（3）人生定位要适当

人人都有欲望，都想过美满幸福的生活，都希望丰衣足食，这是人之常情。但是，如果把这种欲望变成不正当的欲求、变成无止境的贪婪，那我们就在无形中成了欲望的奴隶。

在欲望的支配下，我们不得不为了权力、为了地位、为了金钱而削尖了脑袋向里钻。我们常常感到自己非常累，但是仍觉得不满足，因为在我们看来，很多人的生活比自己更富足，很多人的权力比自己大。所以，我们别无出路，只能硬着头皮往前冲，在无奈中透支着体力、精力与生命。

所以，我们在进行人生定位时，一定要量力而为，找到最适合自己的，而不是任由欲望支配，始终活在无法实现理想的痛苦里。

股神巴菲特说："在你能力所及的范围内投资，关键不是范围的大小，而是正确认识自己。"所以，想要找准人生方向，就必须先了解自己。

(4) 反方向游的鱼也能成功

一旦形成了某种认知，就会习惯性地顺着这种定式思维去思考问题，习惯性地按老办法来处理问题，不愿也不会转个方向解决问题，这是很多人都有的一种愚顽的"难治之症"。这种人的共同特点是习惯于守旧、迷信盲从，所思所行都是唯上、唯书、唯经验，不敢越雷池一步。而要使问题真正得以解决，就必须改变这种认知，将大脑"反转"过来。

当今社会，大多数企业都喊出了"换个方向就是第一""做一条反方向游的鱼"等口号，因为人们已经发现，随着社会竞争越来越激烈，单靠传统的思想与做法是不可能有多少成功的胜算的。所以，掉转方向，开辟一条全新的道路，不失为一种求发展的良策。

Part 2

给自己点个赞

总是挂在嘴上的人生，就是你的人生；

人总是很容易被自己说出的话所催眠。

我多怕你总是挂在嘴上的许多抱怨，

将会成为你所有的人生。

——竹久梦二《出帆》

03章

对自己不将就，
才会变得更加优秀

1.三分能力，七分责任

有位成功的企业家对"责任"进行的诠释是："责任即价值。"

在他看来，责任与价值有着三层含义：第一，只有承担责任，才有可能创造价值。无论价值的大小，都是因为有人承担了责任才产生的。第二，承担责任，是对自身价值的一种证明。你承担的责任越大，表明你的价值越大，社会和企业就越需要你。第三，责任是回报的前提，首先不是在想自己能够得到什么，而应当想想自己承担了什么责任。

从前有个国王叫狄奥尼西奥斯，他统治着西西里最富庶的城市西提库斯。他住在一座美丽的宫殿里，里面有无数价值连城的宝贝，一大群侍从恭候两旁，随时等候吩咐。

　　狄奥尼西奥斯拥有如此多的财富、如此大的权力，自然很多人都羡慕他的好运。达摩克利斯就是其中之一，他可以说是狄奥尼西奥斯最好的朋友。达摩克利斯常对狄奥尼西奥斯说："你多幸运呀，你拥有人们想要的一切，你一定是世界上最幸福的人。"

　　而狄奥尼西奥斯却听厌了这样的话，有一天，他问达摩克利斯："你真的认为我比其他人都要幸福吗？"

　　"当然是的，"达摩克利斯回答道，"你拥有的巨大财富，握有的巨大权力，你根本一点儿烦恼都没有。生活还有什么比这更幸福的呢？"

　　"或许你愿意跟我换换位置试试看吧。"狄奥尼西奥斯说。

　　"噢，我从没想过。"达摩克利斯说，"但是只要有一天让我拥有你的财富和幸福，我就别无他求了。"

　　"好吧，我就跟你换一天，也许到时候你就知道了。"

　　就这样，达摩克利斯被领到了王宫，所有的仆人都被引见到达摩克利斯跟前，听他使唤。他们给他穿上王袍，戴上金制的王冠。达摩克利斯坐在宴会厅的桌边，桌上摆满了美味佳肴，美酒、鲜花、昂贵的香水、动人的乐曲，一切应有尽有。他坐在松软的垫子上，感到自己成了世上最幸福的人。

　　"噢，这才是生活。"达摩克利斯对着坐在桌子那边的狄奥尼西奥斯感叹道，"我从来没有这么高兴过。"

　　他举起酒杯的时候，抬眼望了一下天花板，头上悬挂的是什么东西？尖端几乎要触到自己的头了！达摩克利斯的身体突然间僵住了，笑容也从唇边慢慢地消逝，脸色变得煞白，双手一直在颤抖。他不想再吃，也不想再喝，更不想听音乐了。原来，他头顶正悬着一把利剑，仅用一根马鬃系着，锋利的剑尖正对准他的双眉之间。他想跳起来跑掉，可还是忍住了，怕突然一动会扯断马鬃，使剑掉落下来。他只好僵硬地坐在椅子上，一动不动。

　　"怎么啦，朋友？"狄奥尼西奥斯问，"你这会儿好像没胃口了？"

"那把剑！剑！"达摩克利斯小声说，"难道你没看见吗？"

"我当然看见了，"狄奥尼西奥斯说，"我天天都看得见，因为它一直悬在我的头上，说不定什么时候，什么人或事就会斩断那根马鬃。也许是哪个大臣垂涎我的权力，欲将我杀死，抑或有人散布谣言让百姓反对我，或者是邻国的国王会派兵来夺取我的王位，又或者是我的决策失误使我退位，等等。如果你想做统治者，就必须尽到自己应尽的责任，因为责任与权力同在，这你应该知道。"

"是的，我知道了。"达摩克利斯说，"我现在终于明白我错了。除了财富、荣誉，你还有很多忧虑。请回到你的宝座上去吧，让我回到我自己的家。"

从此，达摩克利斯在有生之年，非常珍惜自己的生活。他再也不想与国王换位了，哪怕是短暂的一刻钟。

这虽然是一个很古老的故事，但是它却很好地提醒了我们：如果我们渴望享受成功的快乐，那就必须做好准备，承担随之而来的责任。但是，并不是每一个人，都敢于承担自己应尽的责任。所以，请不要忘记，承担责任是上天赋予你的使命，是你的权利，更是你的义务。

就像学生以学习为己任，军人以服从命令为天职一样。责任永远不能推卸，责任也推卸不掉。所有成功的人，都有一个共同的品质——责任感。责任可以说是一个人品格和能力的承载，是一个人走向成功必不可少的素养。聪明、才智、学识、机缘等，固然是促成一个人成功的必要因素，但是如果缺乏了责任感，仍是难以成功的。

《阿甘正传》这部电影里面有一个情节：阿甘所在的连队，在搜查中发现了一个山洞，里面极有可能潜藏着敌人，当连长问谁敢冲在前面到洞中搜查的时候，所有的人都犹豫了。因为他们都知道里面的风险巨大，只有阿甘在大家都静悄悄不敢应答的时候，接受了连长的命令，率先冲进洞中。阿甘最终消灭了敌人、立了大功，并得到了上级的嘉奖。那些聪明的战友，看起来是很"机智"地避开了危险，却早早平淡地退了役，而阿甘则总是"笨笨"地执行那些别人不愿执行的任务，结果却是军衔不断上升！

很多人，包括阿甘直接的上司，都不太服气这个"幸运"的笨家伙：这种人怎么能成为将军呢！但是他们都忘记了一个简单的事实：敢于承担责任，才是晋升的依据，而不是比他人更聪明！

当今社会，处处都为人们提供了发展自己事业的机遇。不过，受社会潮流的影响，不少人身上都滋生出了自由懒散、不受约束、不负责任的坏习惯。在这些人看来，这样一个时代，谋求自我实现、自我发展、自己创业当老板才是一件很正常的事情。然而，他们却忘了，没有责任感的人往往无法实现自己的价值，唯有具备勇于负责精神的人，才会受到他人的器重与提拔。

2.纠正优柔寡断的缺点

世间最可怜的人就是那些举棋不定、犹豫不决的人。如果有了事情，一定要去和他人商量，不取决与自己，而取决于他人，这主意不定、意志不坚的人，既不会相信自己也不为他人所信赖。

主意不坚定和优柔寡断，对于一个人的品格来说，实在是一个致命的弱点。有这种弱点的人，从来不会有毅力。这种性格上的弱点，可以败坏一个人的自信心，也可以破坏他的判断力，并大大有害于发展他的全部精神能力。

果断决策的力量，与一个人的才能有着密切的关系。如果没有决断的能力，那么你的一生，就像深海中的一叶孤舟，永远漂流在狂风暴雨的汪洋大海里，永远达不到成功的目的地。

造船厂里有一种力量强大的机器，能把一切废铜烂铁毫不费力地压成坚固的钢板。善于做事的人便如同这部机器一般，他们做事异常敏捷，只要他们决心去做，任何复杂困难的问题到了他们手里都会迎刃而解。

一个人如果目标明确、胸有成竹，那么他绝不会把自己的计划拿来与人反复商议，除非他遇到了在见识、能力等各方面都高过自己的人。在决策之前，他会仔细考察，然后制订计划，采取行动；这就像在前线作战的将军必须首先仔细研究地形、战略，而后才能拟订作战方案，然后再开始进攻。

一个头脑清晰、判断力很强的人，一定会有自己坚定的主张，他们绝不会糊里糊涂，更不会投机取巧，他们不会永远处于徘徊当中，更不会一遇挫折便泄气退回，使自己的事业前功尽弃。只要作出决定，他们一定会一往无前地去执行。

英国的基钦纳将军就是一个具有果断决策能力的典型。这位沉默寡言、态度严肃的军人威猛如狮、出师必捷，他一旦制订好计划，确定了作战方案，就绝不会三心二意地去与人讨论、向人咨询。在著名的南非之战中，基钦纳将军率领他的驻军出发时，除了他和他的参谋长外谁也不知道要开赴哪里。他只下令，要预备一辆火车、一队卫士及一批士兵。他甚至没有电报通知沿线各地。战争开始后，有一天早晨6点钟，他突然出现在卡波城的一家旅馆里，他打开这家旅馆的旅客名单，发现了几个本该在值夜班的军官的名字。他走进那些违反军纪的军官的房间，一言不发地递给他们一张纸条，上面是他的命令："今天上午10点，专车赴前线；下午4点，乘船返回伦敦。"基钦纳不管军官们的解释和辩白，更不听他们的求饶，只用这样一张小纸条，就警告了所有的军官，杀一儆百。

基钦纳将军有无比坚定的意志又异常镇静，做任何事从来胸有成竹，凡事都能冷静而有计划地去做，这样就事事马到成功。

现在，社会上最受欢迎的是那些有巨大创造力并有非凡经营能力的人。有些人往往只知道按部就班地听从别人的吩咐，去做一些已经安排妥当的事情，而且凡事都要有人详细地指示。唯有那些有主张、有独创性、肯研究问题、善于经营管理的人才是人类的希望，也正是这种人，充当了人类的开路先锋，促进了人类的进步。

很多人，有时事情明明已经详细计划好，考虑周全了，已经确定了，仍然前怕狼后怕虎，不敢行动，左右思量，不能决断。最后，脑子里的念头越来越多，对自己也越来越没有信心。最终精力耗散，陷入完全失败的境地。

一个渴望成功的青年，一定要有一种坚决的意志，一定不可形成优柔寡断、迟疑不决的陋习。在工作之前，必须确定自己已经打定主意，即使遇到任何困难与阻力，即使出现一些错误，也不要有怀疑的念头，以至想撒腿就走。我们处理事情时，事前应该仔细地分析思考，对事情本身和环境作一个正确的判断，然后再作出决定；而一旦决定作出了，就不能再对事情和决定有任何怀疑和顾虑，也不要管别人说三道四，只要全力以赴去做就可以了。做事的过程中难免会出现一些错误，但不能因此心灰意冷，应该把困难当教训、把挫折当经验，要自信以后会顺利些，这样成功的希望就会更大。在作出决定后，如果还心存疑虑、要反复思量，无异于把自己推入一种无可救药的沼泽中，最终只好在痛苦和懊恼中迎来失败。

某地发生水灾，整个乡村都难逃厄运，村民们纷纷逃生。一位上帝的虔诚信徒爬到了屋顶，等待上帝的拯救。

不久，大水漫过屋顶，有一只木舟经过，舟上的人要带他逃生。这位信徒胸有成竹地说："不用啦，上帝会救我的！"木舟就离他而去。片刻之间，河水已没过他的膝盖。

一会儿，有一艘汽艇来拯救他。这位信徒却说："不必啦，上帝一定会救我的。"汽艇只好离开。

几分钟后，洪水高涨，已到了信徒的肩膀。这个时候，有架直升机放下软梯来拯救他。他死也不肯上飞机，说："别担心我啦，上帝会救我的！"直升机也只好离去。

水继续高涨，这位信徒被淹死了。

死后，他升上天堂，遇见了上帝。他大骂："平日我诚心祈祷您，您却见死不救。算我瞎了眼啦！"

上帝听后叫了起来："你还要我怎样？我已经给你派去了两条船和一架飞机！"

机会只敲一次门，成功者应该善于当机立断，抓住每次机会，充分施展才能，切记要正视自我的不足，纠正优柔寡断的毛病，抛弃那种迟疑不决、左右思量的不良习惯，只有这样才能最终获得成功，得到命运的垂青。

3.不容他人，他人也必不容你

要想在人生路上一路平坦，你必须是一个有涵养的人，同时也要有足够的肚量。心胸狭窄不容他人，他人也必不容你。

处变而不惊，以不变应万变，以宽容对狭隘，以礼貌谦恭对冷嘲热讽，不将心思牵绊于一事一物，不将一丝哀怨气恼挂在心头，这是一个成功者理应具备的容人雅量。渴望成功的人一定要克服心胸狭窄这个短板。

从前，有一个穷秀才在集市上卖字画。有一天，他看见不远处前呼后拥地走来一位富家少爷。秀才知道这位富家少爷的父亲在年轻时曾经欺辱、迫害过自己的父亲，自己的父亲也因此忧郁而死。

秀才的心底不由得涌起一阵仇恨的情绪。虽然这位少爷并不了解这一切。

这位少爷被秀才的一幅花鸟画深深吸引住了。他在画前流连忘返，不愿离去，想买这幅画。秀才却将画收卷了起来，并声称不卖给他。这位少爷是位痴情任性的人，对那幅画始终难以割舍，不能忘怀。从此以后，他便因为这幅画求而不得而得了心病，日渐憔悴。

最后，少爷的父亲出面了，表示愿意高价购买这幅画。可是秀才宁愿把画挂在他家堂屋的墙上，也不愿意卖给他。秀才阴沉着脸坐在画前，自言自语地说："这就是我的报复，父债子偿。"少爷的父亲没有买到画，失望地回去了。没过几天，那位少爷就死了。

可是秀才却没有得到报复后的快感，他连日梦见那名少爷天真的笑脸，这使他的良心受到了谴责，终日痛苦不已。有一天，他应人要求画一幅佛像。可是，他画着画着，就觉得佛像与自己以往画的佛像有很大的差异，这使他苦恼不已。他费尽心思地找原因，突然他惊恐地丢下手中的画笔，跳了起来：他刚画好的佛像的眼睛，竟然是他心中仇人的眼睛，连嘴唇也是那么相似。他把画撕碎，高喊道："我的报复又回报到我的头上来了！"

生活就是这样，面对别人的伤害，若一定要以其人之道还治其人之身，最后的结果与其说是报复了自己的敌人，不如说是更深地伤害了自己。

圣人说："怀着爱心吃蔬菜，要比怀着怨恨吃牛肉好得多。"

有个青年，总是愤世嫉俗，在学习、生活、工作中遭遇了许多误解和挫折。由于得不到别人的理解，他渐渐地养成了以戒备和仇恨的心态看待他人的习惯，总是对别人的小错误斤斤计较，仇恨那些不理解自己的人，结果人际关系十分紧张。在压抑郁闷的环境中，他感觉整个世界都在排斥他，因此度日如年，几乎要崩溃。

有一天，他出门散心，登上了一座景色宜人的大山。坐在山上，他无心欣赏优雅的风景，想着自己这些年的遭遇，内心的仇恨像开闸的洪水一样涌来。他忍不住大声对着空荡幽深的山谷喊："我恨你们！我恨你们！我恨你们！"话一出口，山谷里传来了同样的回音："我恨你们！我恨你们！我恨你们！"他越听越不是滋味，于是又提高了喊叫的声音。他骂得越厉害，回音就越大越长，扰得他更加恼怒。

就在他再次大声叫骂后，身后传来了"我爱你们！我爱你们！我爱你们"的声音。他扭头一看，只见不远处的寺庙里，一方丈正冲着他喊。

片刻后，方丈微笑着向他走来，笑着说："倘若世界是一堵墙，那么爱就是世界的回音壁。就像刚才我们的回音，你以什么样的心态说话，他就会以什么样的语气给你回音。爱出者爱返，福往者福来。为人处世，许多烦恼都是因为对别人斤斤计较、怀恨在心而产生的。你热爱别人，别人也会给你爱；你去帮助别人，别人也会帮助你。世界是互动的，你给世界几分爱，世界就会回你几分爱。爱给人的收获远远大于恨带来的暂时的满足。"

听了方丈的话，青年豁然开朗。回去后，青年开始以积极、健康、友爱的心态对待身边的一切。他和同事之间的误解没有了，没有人和他过不去了，工作比以往顺利了，他自己也比以前快乐多了。

人生在世，免不了要和别人相处，由于每个人的文化水平、工作生活、性格爱好等都不同，相处久了，难免会发生磕磕碰碰和矛盾冲突，严重的甚至就会产生仇恨的心理，导致兄弟反目、婆媳不和、同事争执等。其实，有些矛盾只是些小矛盾，只要有一方豁达一些、大度一些，该宽容的宽容，该忘记的忘记，问题就会迎刃而解，干戈也会化为玉帛。生活中没有永远的仇人，只要心中的怨恨消失了，仇人也能变成朋友。如果我们的仇人了解到我们对他的怨恨使我们精疲力竭，使我们疲倦而紧张不安，甚至使我们折寿，他们不是会拍手称快吗？那么，我们为什么要用仇人的错误惩罚自己呢？

即使我们不能爱那些仇人，至少要做到爱自己。我们要使仇人不能控制我们的快乐、健康和外表。就如莎士比亚所说："不要由于你的敌人而燃起一把怒火，让心中的烈焰烧伤自己。"

4.摆脱懒惰的纠缠

懒，许多人的共同特性，"琴棋书画不会，洗衣做饭嫌累"，更有甚者自诩：不要跟我比懒，我懒得和你比。懒惰在生活中表现为不求上进、意志消沉、安于现状、心态消极。很多青年朋友就沾上懒惰的习性，学习没目标、不主动，糊涂混日、得过且过。人生的许多理想、目标、规划、希望、追求，因为懒惰而变得遥遥无期，无法实现。

在这个社会上，不论什么人要想做成一件事，都必须抗击来自人性中懒惰的缺点，使外界的逼迫变为内心的自觉。

许多人喜欢舒适，能站着拿到东西绝对不会跳起来，能坐着拿到东西绝对不会站起来，能躺着拿到东西绝对不会坐起来。舒适又是个极坏的东西，它是滋生懒惰的温床，腐朽、堕落等现象大多因舒适而衍生。

一个铁匠用同一块铁，打了两把锄头，摆在地摊上卖。农人买走了其中的一把锄头，马上就下地使用起来；而另外一把锄头，被一个商人得到，因为无用被闲放在商人的店里。

半年以后，两把锄头偶然碰到一起。原本质地、光泽、锻造方式都相同的两把锄头已经大不相同。农人手里的锄头，好像银子似的锃光闪亮，甚至比刚打好时更光亮；而那把一直被商人放在店里的锄头，却变得暗淡无光，上面布满了铁锈。

"我们以前都是一样的，为什么半年之后，你变得如此光亮，而我成了这副样子了呢？"那把生满锈迹的锄头问它的老朋友。"原因很简单啊，这是因为农人一直使用我劳动。"那把光亮的锄头回答说，"你现在生了锈，变得不如以前，是因为你老侧身躺在那儿，什么活儿也不干！"生锈的锄头听后沉默了，无言以对。

故事中的两把锄头本来条件一样，一把锄头因为到了勤劳的农人手里，每天跟着农人一起劳动，所以变得比刚打好时还光亮有力，而另一把锄头因为一直闲在商人店里无所事事，所以变得黯淡无光，并且布满了铁锈，由此可见，勤奋和懒惰所带来的后果是多么的悬殊。

从这个故事中我们不难明白这样一个道理：刀越磨越锋利，锄头越用越光亮，人越学越聪明。勤奋和懒惰都是一种习惯，只不过勤奋的习惯使人走向光明，懒惰的习惯使人走向越来越深的黑暗。

比尔·盖茨说："懒惰、好逸恶劳乃是万恶之源，懒惰会吞噬一个人的心灵，就像灰尘可以使铁生锈一样，懒惰可以轻而易举地毁掉一个人，乃至一个民族。"

所以，我们应该用勤奋筑一道"防护堤"，阻挡懒惰的靠近。

美国著名作家杰克·伦敦在19岁以前，还从来没有进过中学。但他非常勤奋，通过不懈的努力，使自己从一个小混混成为一个文学巨匠。

杰克·伦敦的童年生活充满了贫困与艰难，他每天像发了疯一样跟着一群恶棍在旧金山海湾附近游荡。说起学校，他不屑一顾，并把大部分的时间都花在偷盗等勾当上。有一天，他漫不经心地走进一家公共图书馆内开始读起名著《鲁滨孙漂流记》，他看得如痴如醉，并深受感动以至饥肠辘辘，也舍不得中途停下来回家吃饭。第二天，他又跑到图书馆去看别的书，一个如同《天方夜谭》中巴格达一样奇异美妙的世界展现在他的面前。从这以后，一种酷爱读书的情绪便不可抑制地左右了他。一天中，他读书的时间达到了10~15小时，从荷马到莎士比亚，从赫伯特·斯基到马克思等人的所有著作，他都如饥似渴地读着。19岁时，他决定停止以前靠体力劳动吃饭的生活方式，改成以脑力谋生。他厌倦了流浪的生活，他不愿再挨警察无情的拳头，他也不甘心让铁路的工头用灯按自己的脑袋。

于是，他进入加利福尼亚州的奥克德中学。他不分昼夜地用功，从来就没有好好地睡过一觉。天道酬勤，他也因此有了显著的进步，他只用了三个月的时间就把四年的课程念完了，通过考试后，他进入了加州大学。

他渴望成为一名伟大的作家，在这一雄心的驱使下，他一遍又一遍地读《金银岛》《基督山伯爵》《双城记》等书，之后就拼命地写作。他每天写5000字，也就是说，他可以用20天的时间完成一部长篇小说。他有时会一口气给编辑们寄出30篇小说，但它们统统被退了回来。

后来，他写了一篇名为《海岸外的飓风》的小说，获得了《旧金山呼声》杂志所举办的征文比赛头奖。5年后的1903年，他有6部长篇以及125篇短篇小说问世。他成了美国文艺界最为知名的人物之一。

一个人的成就和他的勤奋程度永远是成正比的。懒惰者是不能成大事的，因为懒惰的人总是贪图安逸，遇到一点儿风险就吓破了胆，另外，这些人还缺乏吃苦实干的精神，总存有侥幸心理。而成大事之人，他们更相信"勤奋是金"。不经历风雨怎么见彩虹，一个人怎能随随便便成功？

那么怎样才能培养勤奋的习惯、战胜懒惰的心理呢？以下是几个克服懒惰的好方法，不妨试一试：

（1）保持一颗进取心。进取心是一种永不停息的自我推动力，它会使我们的人生更加崇高。拥有进取心之后，那些不良的恶习就没有了滋生的环境和土壤，久而久之，懒惰的习性就会逐渐消失。

（2）学会肯定自我，勇敢地把不足变为勤奋的动力。

学习、劳动时都要全身心投入并争取最满意的结果。无论结果如何，都要展现出自己努力的一面。如果改变方法也不能很好地完成，说明或是技术不熟，或是还需完善某方面的学习。扎实的学习最终会让你成功的。

（3）规律生活。生命活动是有规律进行的，一个人起居有常、三餐适时、劳逸适度是身体健康的保证。懒散之人往往散漫成性，生活杂乱无章，睡无时、食无量，身体各系统的功能活动很难与环境相适应，时间久了，身体健康会受到摧残。

（4）使用日程安排表。这个日程表可以帮你把所有事项很有条理地记录在一个地方，并时时提醒你抓紧行动，许多成功人士均有这种日程安排表，如"富兰克林的计划簿"。

（5）在住宅之外的地方学习。人的行为在住宅内外是有很大差异的。家一般是休息之所，故在家里容易松懈。而在家之外的地方，特别是在图书馆等有学习氛围的地方，则会紧张起来。此外，有些人养成的一些懒惰的恶习，如躺在床上看"闲书"，若离开了家，就铲除了它赖以存在的土壤。还有，家里供你消遣的东西太多，电视、电脑、电话、食物，这些东西都是能诱使你分心的"潘多拉魔盒"。离开了家，就离开了这些诱惑。

5.别浮躁，在实践中锻炼耐心

中国文化给人的感觉一直是沉稳、含蓄的，就如太极拳般心平气和、不急不躁。《论语》说："欲速则不达，见小利则大事不成。"但是，当今社会，经济正在高速发展，物质水平不断提高，不少人似乎少了耐心，多了急躁；少了冷静，多了盲目；少了脚踏实地，多了急于求成……在市场经济的大背景下，很少人能按捺住自己悸动的心，守住自己可贵的孤独与寂寞，而是变得越发浮躁和一定程度的急功近利。

"浮躁"指轻浮，做事无恒心，见异思迁，不安分守己，脾气急躁，总想投机取巧。浮躁是一种情绪，是一种并不可取的生活态度。浮躁者对现有目标的专注度不够、耐心度不足，对现有的目标拥有不切实际的想法和希望。

古时候有这样两兄弟，都很有孝心，他们每日上山砍柴换钱为老母亲治病。

一位神仙为他们的孝心所感动，决定帮助他们。于是告诉他们两个人说，用四月的小麦、八月的高粱、九月的稻、十月的豆、腊月的雪放在千年泥做成的大缸内密封七七四十九天，待鸡叫三遍后取出，汁水可卖钱。

兄弟两人各按神仙教的办法做了一缸。待到四十九天鸡叫二遍时，老大耐不住性子打开缸，一看里面是又臭又酸的水，便生气地洒在地上。老二则坚持到了鸡叫三遍后才揭开缸盖，发现里边是又香又醇的酒。

这就是"酒"和"洒"字的来历。只是差了那么一小横，只是早了那么一小会儿，但却造成了巨大的差距。在有些时候，我们需要在心中添把火，以燃起某些希望；而在有些时候，我们需要在心中洒点水，习惯等待，以浇灭某些急于求成的欲望……只要我们能够真正地静下心来，认真地去学习、工作，我们会做得比现在好得多。

浮躁这种情绪对我们生活的影响越来越大。人浮躁了，就会终日处在又忙又烦的应急状态中，脾气会变得暴躁，神经会越绷越紧，长久下来，就会被生活的急流所挟裹，形成了某些固有的性格，使人在任何时候任何环境中，都不能平静下来，因而在盲目和冲动的情况下，不自觉地作出错误的决定，给自己造成更大的精神压力，让自己越来越急躁，终究形成恶性循环，一发不可收拾。因此，想成就大事者，要心存高远，更要脚踏实地。

在生活中，人们热情饱满，甚至凡事跃跃欲试，自然不是什么坏事，生活本来就需要这样一种劲头。如果每天生活得懒散不羁，对人对事毫无热情，那么生活往往会成为一潭死水，毫无生命气息可言。但是热情也要讲究方式，热情用在积极的心态上，是一种动力。而人们所表现出的浮躁，则是一种对热情的错误运用。

浮躁的人虽然并不缺乏生活热情，但是却缺少合理分配和利用热情的能力。这类人在处事上常常缺乏理智、容易半途而废、浅尝辄止，宜将热情消极化。如梁实秋所说，为迫切完成某事而心浮气躁，就容易导致言行过分，这不仅有碍于人际关系，容易语出伤人，更容易分散心智，影响做事的效率或是错过眼前的良机。

谭传华用一把小小的木梳打开了他的商业市场，创造"谭木匠"品牌，成为一个成功的商人，或者说成功的企业家。

成功后的谭传华，变得有些膨胀和浮躁。在几个朋友怂恿下，他决定投资拍摄方言电视剧《爬坡上坎》。在投资了250万元之后，这部电视剧一度给他带来不小的惊喜：那年春节前，多家电视台打电话预订这部电视剧，以至于公司的两部联络电话"都打爆了"。但是，谭传华"明显感觉到以后还会有更大的买家找上门"，他决定再"等一等"。但是春节过后，公司的两部联络电话安静得像两个古董，再没有发出任何声音。无奈之下，谭传华以150万元的价格，勉强将这部电视剧卖了出去。这一次，谭传华损失了100万元。

对于谭传华来说，这是一个教训。他意识到了浮躁的危害，经过再三考虑后，他给自己定下了方向，那就是不能走"多元化"的发展道路，而是专心于他的治木特长。如今，谭木匠加盟店数量已超过了500家，在新加坡、马来西亚等地，也有了该品牌的加盟店。

其实，成功与失败，平凡与伟大，往往就在等待的一念之间。许多成功人士的重要秘诀也就在于他们将全部的精力、心力放在一个目标之上，而且善于等待。而另外还有一些人，他们虽然很聪明，但心存浮躁，做事不专一，缺乏意志和恒心，到头来只能是一事无成。

改变浮躁性格可以从以下几个方面来做。

（1）在实践中锻炼耐心。耐心都是锻炼出来的，缺乏耐心也就等于自动丢掉了成功的机会。在生活中多多锻炼自己的耐心，做每一件事时都要学会安下心来，不要总是想着结果如何，要把精力放在如何做好这件事上。

（2）多看有积极意义的电影或书籍。这既能让你放松心情，调节生活节奏，同时也能为你带来更强大的生命动力，让你拥有更多的生活热情。

（3）遇到急事先冷静。焦急的情绪并不能帮你解决任何问题，必须冷静地思考。思考如何做才能最大限度地降低损失，怎么样处理才能较合理地解燃眉之急，然后马上去行动。

（4）学会循序渐进地做事。凡事不可贪大，成功要一步一步来，做事前首先要安下心来，为自己树立起框架，然后从最微小的部分做起，循序渐进，逐渐完成。

6.抱怨没有鞋，却不知道别人没有脚

你永远不是最倒霉的那一个，总有人比你更倒霉。当你遇到不开心的事时，想想那些比你更倒霉的人，他们比你更有资格唉声叹气、自暴自弃。

有时候，倒霉会爱上你，跟你形影不离，你到哪里它就跟到哪里，你差点儿就要被它给逼疯了，生活变得一团糟，你的心情完全像乌云遮月一样阴暗。这时，你怎么办？你怎么才能让心情美好起来？你要想还有人比你更倒霉。

在印度的一个工地，工人们正在辛苦地盖房子。这个房子有两层，房子盖得差不多了，但是房顶上剩了很多砖，于是老板就让一个建筑工人上到房顶上，把那些多余的砖弄下来。这个建筑工人很聪明，他想到了一个省力省时的好办法。他做了一个简单的定滑轮固定在房檐上，然后用一根很结实的绳子绕过滑轮，一头系着一个盛砖的大筐，另一头系在地上固定住。弄好后他就往筐里装满砖，这筐砖比他的体重要重。然后他就下到地面，解开了系在地上的绳子。结果灾难发生了，这个工人一下子被筐拉起来了，升到在中间时，急速下降的筐正砸向他的头，他

一偏脑袋，筐砸断了他的左锁骨。但是筐还在继续下降，这个工人也继续在上升，升到房顶处的时候，他的手指卡在那个定滑轮的槽里，两根手指一下就被卡断了。这时筐也掉到了地上，砖头散落了一地。这下筐一下变轻了，所以就往上升，而人自然往下降，结果这个工人又被筐撞断了两根肋骨。最后这个工人一屁股降到地上，屁股又给乱砖给扎烂了，他手一松，结果筐一下掉下来砸在他的头上，当场把他给砸死了。

想必你没有这个建筑工人倒霉吧，所以，如果你遇到倒霉事，就想想这个工人，你应该庆幸才对。

要说起倒霉，谁都是倒霉事一箩筐。在网上随便输进去倒霉两个字，就能搜出上千万条"倒霉"信息，谁都觉得自己是最倒霉的人，可以看到很多类如"我是世界上最倒霉的人""有谁比我更倒霉""为什么我这么倒霉"等标题，总之，就是很倒霉、很郁闷、很难过、很痛苦，生活真是没劲透了，活着还有什么意思？

哈维认为自己是很倒霉的人，工作没了；经商被骗破产了，花了7年时间才还清债务；妻子也离他而去；孩子也总是给他找麻烦……总之，没有一件让他高兴的事，他觉得上天对自己太不公平了，什么倒霉事都让他赶上了。可是，有一天哈维突然转变了，人变得乐观起来了，不再时时抱怨说自己如何倒霉了。

那是1934年春天，哈维正在一条街道上无精打采地彷徨，突然一幕景象落到了他的眼里。他看见路对面来了一个没有腿的人，坐在一块简易的木板上，木板下面像溜冰鞋一样装了滑动的轮子，他两手拿了木棍撑住地面往前滑，时刻注意躲闪过往的车辆和行人。这人过街后，准备把自己挪到人行道上去，人行道比马路高出几英寸，正当他的小板子翘起来的时候，哈维正好跟他目光相对，这人很坦然很快活地说："早上好，今天是个好天气，你觉得呢？"哈维有点吃惊，他现在才发现自己其实是很幸运的，至少他还有两条健康的腿，能活蹦乱跳的，面对这样一个勇敢面对生活的人，哈维为自己以前的自怨自艾感到羞愧，自己根本就算不上一个倒霉的人。

从此，哈维每天早起在刮胡子的时候，就看看贴在镜子上的那句话："别人骑马我骑驴，回头看看推车汉，比上不足，比下有余。"总有人比自己更倒霉，没有理由沮丧，生活其实很美好。

犹太人有句谚语："假如你失去一只手，就庆幸自己还有另外一只手；假如失去两只手，就庆幸自己还活着；如果连命都没了，就没有什么可烦恼的了。"当你觉得倒霉的时候，不妨换个角度看问题，看看自己还拥有什么，这样你会觉得自己还是很幸运的。比如当你为洒掉半杯啤酒而懊恼时，不如为还拥有半杯啤酒而快乐；再比如不小心摔倒时，你应该想幸好我是在这里摔倒，而不是在危险的地方摔倒，有人不是掉到下水道里摔死了吗？真是老天保佑，真是幸运了。

曾有一个朋友跟随一个旅游团坐大巴车去外地观光。路上要经过一段弯行的山路，十分崎岖，不过司机说没问题，说自己对这条路很熟，并把车开得还很快。正当大家兴致勃勃地观赏窗外的风景时，悲剧发生了，大巴车与一辆货车几乎走了个对面，大巴车匆忙躲闪，由于车速过快，失去控制，一下就翻到了山沟里，车里的乘客非死即伤。这个朋友也伤得很重，左腿被狠狠地卡到了车座里，后来被送进医院，医生不得不宣布截去他的左腿，这意味着他从此要与假肢、拐杖和轮椅为伍了。这位朋友醒来后，没有痛苦多长时间，表现得非常乐观。亲戚朋友们来看他，以为他是在强颜欢笑，一边安慰他，一边说他倒霉。但是这位朋友却说："还好，我觉得我很幸运，除了这个不听话的腿，我身上其他零件都还好好的，什么也耽误不了。那些丢了命的人才是最倒霉的。"

记住，你永远不是最倒霉的那一个，总有人比你更倒霉。当你遇到不开心的事时，想想那些比你更倒霉的人，你仔细想想，你是不是还拥有其他的东西？比如有份自己喜欢的工作，有两个可以诉苦的闺蜜或哥们儿，还有几件不错的衣服可以替换，还抽得起烟，还能去上网，还能到父母家去蹭吃蹭喝，还有一大把力气，还能看见明天的太阳……你还有什么不满足的呢？

7.坏习惯是一盆害人的温水

一位诺贝尔奖获得者说：好习惯使人终身受益。在这句话的背后，自然隐含着另外一句话：坏习惯使人终身受害！为者常行，行者常至。也许可以这样说，成功的事业其实是好习惯的必然结果，而失败的事业和人生则是坏习惯导致的恶果。

巴尔扎克也有一句话使听者自危："要断送一个人，只需叫他染上一种嗜好。"坏习惯对人的巨大的危害性全包涵在这句话里。很明显，一个人如果不能改变坏习惯，那么终其一生也很难有什么作为。

美国康乃尔大学做过一个将青蛙分别放进冷水和沸水中，其结果完全不同的实验世人皆知。青蛙何以能自救于滚烫的沸水，却最终自戕于一锅温水？

因为，明显的危害总是能够让我们竭尽全力去对付、去避免，而对于那些潜在的危害，却往往感觉迟钝、重视不足，最终铸成难以弥补的大错与大憾。人生中自幼儿始逐渐养成的一些坏习惯，就是这样一盆慢慢升温的害人之水。

心理学巨匠威廉詹姆士说："播下一个行动，收获一种习惯；播下一种习惯，收获一种性格；播下一种性格，收获一种命运。"坏习惯是一生的累赘，它引导你由成功走向失败，将可撷取的成功果实化作东流水。

一个平时生活中坏习惯很多的小伙子。一直没有得到爱神的青睐，这次他的朋友热心地给他介绍了一个女友。在他出门之前，朋友一再地忠告他："你一定要收敛起你以前的坏习惯。第一，你下车后要替你女朋友开门；第二，你女朋友要入座时，你应在她椅子后帮她拉椅子；第三，她说话时你要温柔地看着她；第四，她需要什么东西，你一定要抢先做好，不要让她动手。如果这些都能做到，那十之八九就能成功得到她的芳心。"第二天，朋友打电话问他昨晚上如何，他沮丧地说："我没有希望了！"

于是朋友问他："你是不是忘了替她开车门？"他说："她替我开的！"

朋友又问："你是不是忘了帮她入座？"他说："我没有那个习惯！"

于是朋友又问："你是不是在她说话的时候东张西望？"他说："不，我在打瞌睡！"

最后朋友问："那你有没有动手帮她做什么事情呢？"他说："我帮她打翻了她手里的饮料杯。"

朋友无语了。

这个小伙子平时养成的坏习惯就像是一盆温开水，让他不知不觉沉溺其中，渐渐变得迟钝了，久而久之，就让坏习惯葬送了自己的大好前程。

培根在《论习惯》中告诫我们："人的思考取决于动机，语言取决于学问和知识，而他们的行动，则多半取决于习惯。"习惯的养成，好似透过不断的重复，细绳变成粗绳，再变成绳索。每一次我们重复相同的行为，就增加并强化它，绳索又变成缆绳，再变成链子，最终就成了根深蒂固的习惯，把我们的思想与行为缠得死死的。

习惯是一柄双刃剑，优秀是一种习惯，平庸甚至卑劣也是一种习惯；好习惯是人生进步的阶梯，坏习惯则是绊脚石。要拥有成功与幸福的人生，就要努力培养好习惯，不断克服坏习惯。

有人对148名杰出青年的童年作过研究，发现良好习惯与健康人格是他们成为杰出青年的重要原因。坏习惯往往伴随人们的一生，而人们却又不自知。自卑、懒惰、自私常常是坏习惯的座上客，是导致半途而废的主要原因，也是成事的大敌。仔细想想，你了解自己吗？你能掌握或是控制自己吗？若是你对失败习以为常，你将易于接受失败的习惯感情，这种感情色彩，将在你所做的一切事情中留下烙印；同样地，如果你能建立起一个成功的模式，你便能够激励起胜利的感情色彩。

从这个意义上说，改变我们的习惯，也就改变了我们的命运走向。

古希腊的弗里吉亚国王戈耳狄俄斯以非常奇妙的方法，在战车的轭打了一串结。他预言：谁能打开这个结，就可以征服亚洲。一直到公元前334年还没有一个人能将绳结打开。

这时，亚历山大率军入侵小亚细亚，他来到戈耳狄俄斯绳结前，不加考虑便拔剑砍断了它，而不是习惯性地去解。后来，他果然一举占领了比希腊大50倍的波斯帝国。

一个孩子在山里割草，不小心被毒蛇咬伤了脚趾。孩子疼痛难忍，而医院在远处的小镇上。孩子毫不犹豫地用镰刀割断受伤的脚趾，然后忍着巨痛艰难地走到医院。虽然缺少了一个脚趾，但这个孩子以短暂的疼痛保住了自己的生命。

改掉坏习惯，需要有亚历山大的气概，需要有上面那个小孩的果断和勇敢。让好习惯引领自己走向成功。

人是环境的产物，习惯对我们有着巨大的影响。有人说过，养成一个好习惯，比一年赚100万还有价值。我们只有在自我修养的路上谨慎笃行，才会让灵魂闪光，才会让自己在进步的征程中渐行渐远！

古人说："少成若天性，习惯如自然。"一个最高尚的人也可以因坏习惯而变得愚昧无知，粗野无礼。坏习惯给我们的生活带来了不便，坏习惯阻碍了我们前进的路。为了不让坏习惯左右我们的未来，从今天起不要再疏忽坏习惯对我们的影响。朋友！养成良好的习惯吧！

04章

若一无所有，
你靠什么成功

1.扩大内心的格局

　　人生总有这样的时刻：走到某一步，好像突然被"卡"住了，怎么也走不出去。

　　眼前的一念一境，仿佛具有超凡的"魔力"，使你无法走到另外一个阶段。这就是佛家所谓的"局"。所谓"当局者迷"，"一叶障目，不见泰山"，说的就是这种情况。

　　限于眼前之"局"，显示着人生的大被动。这种"卡"跟"限"，可能体现在外在，即环境的制约，也可能体现在内在，即人的心情、信念、价值、智慧、胆识等。

　　但是归根结底都是内在。因为即使是环境的制约，只要你勇于将眼界拓宽，到更广阔的空间里去，外在的制约也会消失。

1890年，荷兰工程师杰拉德·飞利浦将一座破产的工厂买下，生产碳丝灯泡。

他只懂技术，不善经营，到了第四年，就再也经营不下去了，打算把工厂清产出售，但别人只肯出极低的价钱，只好作罢。这时，他21岁的弟弟安东·飞利浦出山。安东一上任就做出十分重要的决定：跳出狭小的荷兰，到面积广大、人口众多但还落后的俄国去！

一到俄国，安东就得到了极好的机会：不仅市场广阔，而且当时的沙皇亚历山大二世正开始促进俄国的现代化。所以他的新产品一下子便得到了俄国人的青睐。当他把得到50000个灯泡订单的电报打回荷兰时，杰拉德根本不相信，甚至打电报询问："是否5000个之误？"飞利浦公司后来成为了闻名天下的大公司。

一位哲人说："人生是一场盛宴，绝不只有一道好菜。"

确实，生活比我们所感受的要广阔得多，尚有更多、更新的体验有待探索，许多更好的东西有待我们去尝试。

遗憾的是：许多人总是看不到这一点，或者，小得即喜，不去进一步开拓，或者，认定现有的状况就是永远的状况，即使一点也不满意，也甘于"认命"。

这样的人生，不要说对盛宴毫无感觉，甚至连一道好菜也品尝不到。

正如《菜根谭》中所讲的："德随量进，量由识长。故欲厚其德，不可不弘其量，欲弘其量，不可不大其识。"翻译成我们今天的话，就是：有什么样的人生格局，就有什么样的人生结局。

几个人在岸边岩石上垂钓，一旁有几名游客在欣赏海景之余，围观他们钓上来的鱼，口中啧啧称奇。

只见一个钓者竿子一扬，钓上来一条大鱼，三尺来长。落到岸上后，那条鱼依然腾跳不已，钓者冷静地解下鱼嘴内的钓钩，顺手将鱼丢回海中。

众游客发出一阵惊呼，这么大的鱼犹不能令他满意，足见钓者的雄心之大。就在众人屏息以待之际，钓者渔竿又是一扬，这次钓上的是一条两尺长的鱼，钓者仍是不多看一眼，解下鱼钩，又把鱼放回了海里。

第三次，钓者的渔竿又再次扬起，只见钓线顶端钩着一条不到一尺长的小鱼。众游客以为这条鱼也将和前两条大鱼一样，被放回大海，不料钓者将鱼解下后，小心地放进自己的鱼篓中。

游客中有一人百思不解，追问钓者为何舍大鱼而留小鱼。

钓者回答道："哦，那是因为我家里最大的盘子只不过有一尺长，太大的鱼钓回去，盘子也装不下……"

舍三尺长的大鱼而宁可取不到一尺的小鱼，这是令人难以理解的取舍，而钓者的唯一理由竟是家中的盘子太小，盛不下大鱼！

在我们的生活经历中，其实也存在许多类似的例子。例如，很多时候，我们有一番雄心壮志时，就习惯性地提醒自己："我想得也太天真了吧，我只有一个小锅，煮不了大鱼。"

因为自己背景平凡，而不敢去梦想非凡的成就；因为自己学历不高，而不敢立下宏伟的大志；因为自己自卑保守，而不愿打开心门，去接受更好、更新的信息……凡此种种，我们画地为牢、故步自封，既挫伤了自己的积极性，也限制了自己的发展，造成了一辈子的平庸无能。

那些人生篇章舒展不开、无法获得大成就的人，大多是没有大格局的人。所谓大格局，就是以长远的、发展的、战略的、全局的眼光看待问题，以博大的胸襟对待人和事。对一个人来说，格局有多大，这辈子的成就就有多大。那些想成大业的人需要高瞻远瞩的视野和不计小嫌的胸怀，需要"活到老学到老"的人生大格局。古今中外，大凡成就伟业者，他们都是一开始就从大处着眼，一步步构筑他们辉煌的人生大厦的。

如果把人生比作一盘棋，那么人生的结局就由这盘棋的格局所决定。在人与人的对弈中，舍卒保车、舍车保帅、飞象跳马……种种棋着就如人生中的每一次博弈。相同的将士象，相同的车马炮，却因为下棋者的布局而大不相同，输赢的关键就在于我们能否把握住棋局。要想赢得人生的这盘棋局，就应当站在统筹全局的高度，有先予后取的度量，有运筹帷幄而决胜千里的方略与气势。棋局决定着棋势的走向，我们掌握了大格局，也就掌控了大局势。

通过规划人生的格局，对各种资源进行合理分配，才可能更容易地获得人生的成功，理想和现实才会靠得更近。人生每一阶段的格局，就如人生中的每一个台阶，只有一步一步地认真走好，才能够到达人生之塔的顶端。

所以，扩大自己内心的格局，去构思更大、更美的蓝图。我们将会发现，在自己胸中，竟有如此浩瀚无垠的空间，竟可容下宇宙间永恒无尽的智慧。

2.借力打力，事半功倍

在街边的报亭中，我们经常看见那种针对女性的时尚杂志，杂志后面绑着一管高档的护手霜，随书赠送的书签背面，印着某培训机构的宣传语和联系方式，这些营销方式里面都潜藏着资源整合的理念。

个人发展也应讲究资源整合。在你计划做某事的时候，没有成本、没有经验、没有技术……都不要紧，如果你认识拥有这些资源的朋友，同时又有高屋建瓴的头脑，那么所有问题都会迎刃而解。

　　小张毕业工作三年多之后，时常为自己的现状感到苦恼，目前的公司已经没有多大的发展空间，每天几乎都是做着重复性的工作，他感到自己的时间有被"贱卖"的危机，然而，拥有较大的家庭经济压力的他一方面舍不得此处的高薪，另一方面也承担不起换工作或自己创业带来的高风险。无奈的他只能原地踏步。有一次，他结识了一个远房亲戚，这个亲戚有一定的资产，但是不知道该怎样投资，见过小张几次之后，觉得小张是一个有想法、为人又踏实稳重的人。她表示如果小张愿意自己做一项事业的话，她愿意出一定的资本。小张一开始并没有往心里去，但后来他看到街头经常排着长队、人头攒动的栗子店、薯片店时灵光一闪，找到了商机，于是他找到了一家最有名的连锁小吃店的老板，表达了加盟的意愿。

　　半年之后，小张的小吃店在远房亲戚的资助下开了起来，他也没有辞掉工作。他雇了几个人，把远在外地的岳父请来帮忙看管，一年下来，也赚了不少钱。也许这并不是一项大事业，距离他的宏图大志还很远，但是通过这个小本创业，他积累了知识和经验，更重要的是，他手里有了更多的积蓄，经济上宽裕了。他安心地跳槽到另一家知名企业，刚开始的时候对方承诺的薪水并不高，但他还是接受了，因为他相信自己的能力，更看好这里更加广阔的发展空间。

　　从此以后，小张的事业越走越宽。

　　有时，我们常常疑惑，为什么有的家庭，两个人的工资都不高，却可以买得起大房子，过上高品质的生活？因为他们从更多的角度看自己的人生，不纠结于一处，利用手里的资源想办法。比如，他们手里有一点钱的时候，就投给朋友开办的小公司，从而获得了更多的收益；他们运用朋友的关系搞一些"副业"。

　　据说，民国时期的大诗人徐志摩由于很难满足夫人陆小曼的奢侈生活，除了在大学教课之外，还充当捐客，利用自己的人脉关系为买房卖房的人牵线搭桥，以贴补家用。可见，此条道路早为人们所熟知，是很多人赚到更多的钱、过上更好生活的方法之一。

这些还只限于在你的人生刚刚起步的阶段，随着你认识的人越来越多，层次越来越高，也许三人五人在谈笑间就构思了一个好的想法，并可以较快地付诸实践。

其实，生活就是这样，你自己的力量永远也比不上你+小房产公司老板+有钱的富二代+事业单位工作的高中同学+一个相处友好的邻居，更比不上你+稍有名气的新锐作家+富豪叔叔+教授姑妈+名主持人。有时候，人脉就像滚雪球，从这些朋友身上，你能获得无穷的力量。

有人可能会说，"借"的确是一个"四两拨千斤"的好方法，但自己究竟能"借"什么，又怎样"借"才能有效果，却又是现实中必然会遇到的难题。

"给我一个支点，我可以撬动地球。"这是阿基米德的一句名言，而"借"的关键就是能够找到这个支点所在。

这个"支点"就是"借"的契合点，它是你急需的，却又是对方所独具的。所以"借"绝对不是简单的依赖和等待，而是一场有准备的战斗，是用巧妙的智慧换取成功。从这一点来说，你首先要对自己有充分的了解，你的强项是什么，怎样的"外援"会对你有帮助？接下来在对市场充分了解的基础上，你就可以锁定自己的靠山，然后通过有效的"嫁接"，真正达到"借"的目的。所以"借"是主动的，它是你根据实际需要作出的选择。

北大的教授认为，有这样几条思路或许可以成为"借"的借力目标：

第一是借"智力"，或者说是"思路""经验"等，比如有些投资大师有不少好的经验，这都是他们经过多年的成功与失败得出的制胜法宝，它们显然可以让我们的投资少走许多弯路。

第二是借"人力"，也就是所谓的人气，一个品牌、一处经营场所甚至是一位名人，其周边可能聚集了不少类别分明的人，如果能把自己生意的目标消费群与之结合起来，其结果可能就是投入不大利润大。

第三是借"潜力"，良好的社会经济发展前景诱惑无疑是巨大的，它也会给我们的投资带来有效的增值空间，像城市的建设规划以及中小城市的发展计划等，都是值得我们关注的焦点。

第四是借"财力"，有些投资者或企业可能会遇到资金捉襟见肘的情况，那么充分利用银行或投资基金的财务杠杆，无疑会让你解决许多"燃眉之急"。

第五是借"权力"，乍一听这个词似乎挺吓人的，但其实所指的就是政策，"借"上好的政策同样也会使你赢得发展的契机，靠政策致富的案例早已屡见不鲜了。

但在这里需要说明的是，"借"与盲目跟风可是有着本质的区别，"借"是一项高技术含量的工作，通过了解、准备、研究、比较和选择等多个步骤才能获得成功，而如果随意地跟风模仿，反而会给你带来不小的风险。有些投资者不考虑周围环境和自身的不同实际，不看实际效果是否有效，不看时机是否成熟，不看条件是否具备，生搬硬套，盲目地跟着别人走，这显然是与"借"的本意相违背的。

对此我们可以把握住这样几点：

首先，自身是不是适合是关键，并不是所有的产品都能产生这样的效果，如果不能将对奥运的热情转移给产品，那么带来的结果就是让奥运营销成为"空中楼阁"。

其次，一个好的"借"的对象也要区别对待，比如同样是城市建设规划，不同区域产生的效果都是不一样的，这就需要投资者运用各种信息进行研究分析比较，最终"借"上真正有潜力的规划。

另外，即使找到了正确的方向，"借"的过程也要讲究技术，比如你"借"上了大店铺的客源，就可以考虑将经营时间与大店铺错开，以避其锋芒、捡其遗漏。

最后，"借"同样也可能会遭遇到不可预见的风险，其中最为典型的就是连锁加盟，有些项目由于本身含金量不高，甚至带有欺骗性质，让许多投资者遭遇了滑铁卢，对此我们必须多加留意。

3.朋友是机遇的介绍人

成功学之父卡耐基说过："成功=15%的技能+85%的人脉。"如果你善于经营，把你人脉网中的每一个人经营成你的贵人，那么你的资源会更丰厚，对于未来的成功也就更有保障。尤其是在人生的创业初期，如果你有充足的人脉资源，那无异于是锦上添花，你的事业又多出了几分动力与希望。

提到"搜狐"二字无人不知，而搜狐首席执行官掌舵人张朝阳在创业初期受阻时，正是碰上了尼葛洛庞蒂这个贵人，有了他的相助才走上了如今的辉煌之路。

1996年的中国，绝大多数人还不知道互联网为何物，而张朝阳的互联网创业之路也正是在这一年正式起步的。创业之初，张朝阳整日奔波在纽约和波士顿。那时候的他手头上并没有什么实际可供出售的商品，只有一份商业计划书，而且写着今天看起来还并不成熟的商业构想。

张朝阳想找到一些投资商，然后在中国实践他的互联网商业理想，却因为当时的美国风险投资人远不像今天这样对中国创业者感兴趣而频频受阻。但是，最终张朝阳还是获得了一笔17万美元的风险投资。作为主要投资人的尼葛洛庞蒂（实际就是麻省理工学院媒体实验室主任）

这样说道："我虽然并不认识张朝阳，但是我确实知道互联网是很重要的，也知道中国是重要的，我还知道张朝阳是一个很聪明的人。这就够了。正是基于这几点，我才投资。"

张朝阳借助这笔资金，很快在北京创立了爱特信公司，这家公司也就成为事实上中国第一家借助风险投资建立的网络公司。1998年2月，张朝阳推出号称"中国人自己的搜索引擎"——搜狐。

对于投资的受益人张朝阳来说，正是由于尼葛洛庞蒂的投资，从某种程度上改变了自己的命运，因为尼葛洛庞帝投给他的不仅是资金，还有信心和知名度。而这种完美的双赢局面当初又有几个人能预见？

俗话说"七分努力，三分机运"。在攀上事业高峰的过程中，贵人相助往往能够起到事半功倍的效果，而且有了贵人相助，不仅能替你加分，还能增加你的筹码及成功概率。尤其对于一个处于创业初期的商人来说，有一个强有力的人脉资源是多么重要。

苏宁电器自成立以来曾多次获得"国内十大最具影响力企业"的称号，不仅如此，苏宁电器还获得"中国商业名牌企业""首届中国优秀民营企业""2005年度中国著名品牌200强"等荣誉。苏宁电器在深交所上市以后，凭2005年中国股市第一高价股成就其"中国家电连锁NO.1"的美名，而董事长张近东也因此被冠予"中国现代商圣"的美称。

张近东生于江苏，兼具北方人的豪爽与南方人的缜密，待人接物一向礼数周全而且真诚义气。正是这种性格使他结交了各行各业的众多朋友，也催生了今日的苏宁。在一次《财经》杂志的专栏采访中，张近东告诉记者："任何美誉度只能代表外界对苏宁的一种极大程度的认可，中国家电连锁业如何营造一种厂商之间鱼水情深的氛围，是目前最关注的问题。在商言'义'是现代企业发展的命脉，也是苏宁对厂商关系定下的原则。"

2004年7月22日，张近东在深圳为苏宁正式登陆中小企业板举办的晚宴，俨然成了家电大佬的私人聚会。海尔、康佳、创维、长虹、TCL和科龙等国内著名家电品牌的领军人物纷纷到场，嘉宾甚至还包括已经鲜在公众场合露面的春兰集团总裁陶建幸、美的集团董事长何享健、海信集团董事长周厚健等。

张近东表示："财富只是企业的一部分，对于商业连锁企业而言，更重要的是人脉，也就是厂商关系。无论是制造商还是销售商，在整个产业价值链上都是增值型的服务商，都以服务、信誉和创新来不断创造自身和消费者的价值，进而提升整个产业链的价值。因此从这个意义上说，苏宁电器和各厂家是最忠实的合作伙伴。"

不难看出，张近东认为企业发展的正确道路是"人脉优势定天下"。

中国自古就有成大事者必有贵人相助之说，对于创业者而言，更是少不了贵人的帮助。没有贵人本杰明·格雷厄姆的倾心扶持，巴菲特不会成为"股神"；没有贵人余蔚的投资，江南春的分众传媒恐怕无法摆脱困境；没有贵人宁高宁，牛根生也许难以走出"三聚氰胺"等事件带来的阴影……

成功人士无一不是有一条成功的秘密捷径："密切彼此的友谊和获得发展的机遇。"从某种意义上来讲，人脉是机遇的介绍人，而且只有依靠人脉，才能捕获到更多的优势，得以在业界"占山为王"。

4.用信任打造个人品牌

相信就是力量，人与人之间的信任有时能发挥与信仰相同的爆发力。

战国时期，魏文侯派乐羊攻打中山国时，有人劝文侯说："乐羊的儿子乐舒在中山国位居高官，怎么能让他担任大将？"

魏文侯经过考虑后，决定还是派乐羊去。

乐羊到中山国后，驻兵三月未攻，因为当时中山国君屡次让乐舒去找乐羊，要他延缓进城。消息传到魏国，大臣怨声鼎沸，而魏文侯却对乐羊深信不疑。

乐羊不攻城，其实有他自己的道理："我要让中山国的百姓看到他们的国君是怎样的不讲信用。"后来，中山国国君为了协迫乐羊，把他儿子煮成肉羹，差人送给乐羊。乐羊坐在军帐里端着肉羹吃了起来，一碗吃尽了，立刻下令攻城。

中山国国君这样的举动让百姓大失所望。乐舒并未背叛他，而且还成功地让乐羊延缓攻城，让他有时间与大臣商议对策。但中山国国君却杀了乐舒，还残忍地将他煮成肉羹送入他父亲的口中。中山国的百姓认为，自己的国君如此对待对国家百姓有功的乐舒，又怎么能够保全自己一家大小的安全呢？遂不再相信国君。

中山国国君由于失去了百姓的信任，所以一战即败，魏军迅速占领了中山国。

乐羊凯旋时，魏文侯亲自出城迎接，大摆宴席为他庆功。宴席上赐给他两箱礼物。乐羊回家打开箱子一看，箱子里全是大臣们弹劾他的奏章。第二天，乐羊前去谢恩。

魏文侯说："我知道，只有你才能担当这一重任。"

信任的力量在"乐羊不攻城"这个故事中产生了两极化的结果：中山国因此亡国；魏文侯因此得一忠诚猛将。魏文侯信任乐羊，是因为他对乐羊有充分的了解。但是，求人与助人中如果信任那些自己不了解的势利小人，则会给自己带来无穷的祸害，就如同故事中可怜的乐舒。

如何能够知道哪些人足以信任，哪些人不能呢？不妨看看汉朝的汲黯是怎么分辨的。

汉武帝的大臣汲黯是个威武不屈的忠义之臣。在他位居高官时，许多人到他的家里来拜访，向他求助。他家里常常高朋满座，把门槛都踏坏了。

后来汲黯由于直言上谏激怒了汉武帝，被免去官职。过去的那些朋友一个也不来了，家门前真是门可罗雀。不仅如此，有些朋友还在背后恣意攻击他，把他过去作为知己说的知心话广为传播，四处败坏他的声名。

后来，汲黯官复原职，一些中断来往的昔日"朋友"又想来拜会他、向他求助。结果，当然遭到了他的愤然拒绝，因为他已尝到信任这种势利小人的苦头，不想重蹈覆辙！

能够在危难时不离不弃并伸出援手的人，才是足以信任的。魏文侯之于乐羊是这样；汲黯的昔日朋友之于他更是如此。

求人时，自己既要守信用，同时也要信任忠诚的人，信任那些经过长期考验、值得依赖的人，不轻信势利小人，才能得到适当的帮助、避免祸害、万事亨通。

"君子一言，驷马难追"，讲的是做人信用度。一个不讲信用的人，是为人所不齿的。现在的生意场上，公司、企业做广告做宣传，树立公司、企业在公众中的形象，就是想提高公司、企业的信用度。信用度高了，人们才会相信你，和你有来往，成交生意，你办事才会容易成功。

人无信不立。信用是个人的品牌，是办事的无形资本。有形资本失去了还可以重新获得，而无形资本失去了就很难重新获得了。办事再困难也不能透支无形资本。

诸葛亮有一次与司马懿交锋，双方僵持数天，司马懿就是死守阵地，不肯向蜀军发动进攻。诸葛亮为安全起见，派大将姜维、马岱把守险要关口，以防魏军突袭。

这天，长史杨仪到帐中禀报诸葛亮说："丞相上次规定士兵100天一换班，今已到期，不知是否……"诸葛亮说："当然，依规定行事，交班。"众士兵听到消息立即收拾行李，准备离开军营。忽然探子报魏军已杀到城下，蜀兵一时慌乱起来。

杨仪说："魏军来势凶猛，丞相是否把要换班的4万军兵留下，以退敌急用。"诸葛亮摆手说："不可。我们行军打仗，以信为本，让那些换班的士兵离开营房吧。"众士兵闻言感动不已，纷纷大喊："丞相如此爱护我们，我们无以报答丞相，绝不离开丞相一步。"蜀兵人人振奋，群情激昂，奋勇杀敌，魏军一路溃散，败下阵来。

诸葛亮向来恪守原则，换班的日期来到，毫不犹豫地交班，就是司马懿来攻城也不违反原则。以信为本，诚信待人，所以能在战斗中取胜。

顾炎武曾以诗言志："生来一诺比黄金，那肯风尘负此心。"表达自己坚守信用的态度。言必信，行必果。不但是对人的尊重，更是对己的尊重。

当朋友托我们办事时，我们提供帮助是情理之中的事。但是，办事要量力而行，不要做"言过其实"的许诺。因为，诺言能否兑现除了个人努力的问题，还受许多客观条件的影响。平时可以办到的事，由于客观环境变化了，一时又办不到，这种情形是常有的事。因此我们在朋友面前不要轻率地许诺，更不能明知办不到的事还打肿脸充胖子，在朋友面前逞能，许下"寡信"的"轻诺"。

当你无法兑现诺言时，不仅得不到朋友的信任，还会失去更多的朋友。

5.高效的工作来自化繁为简

一个有真正大才能的人能在工作过程中感到最高度的快乐，因为他能简化问题、避免冗繁。

世界500强企业之一的宝洁公司，其制度具有人员精简、结构简单的特点。正是由于这样有特点的公司制度，使得宝洁公司成为世界最大的日用消费品公司之一，2004—2005财政年度，宝洁实现销售额567亿美元。在《财富》杂志评选出的全球500家最大工业/服务业企业中，宝洁排名第86位。该公司全球雇员近11万人，并在80多个国家设有工厂及分公司，所经营的300多个品牌的产品畅销160多个国家和地区，其中包括织物及家居护理、美发美容、婴儿及家庭护理、健康护理、食品及饮料等。

宝洁公司强烈地厌恶任何超过一页的备忘录，推行简单高效的卓越工作方法。曾任该公司总裁的哈里在谈到宝洁公司的"一页备忘录"时说："从意见中择出事实的一页报告，正是宝洁公司作决策的基础。"

哈里当总裁期间，通常会在退回一个冗长的备忘录时加上一条命令："把它简化成我所需要的东西！"如果该备忘录过于复杂，他会加上一句："我不理解复杂的情况，我只理解简单明了的。"

无论我们从事什么工作，最简单的办法就是最好的办法。苹果电脑公司前总裁约翰·斯卡利曾说过："未来属于简单思考的人。"如何在复杂的工作环境中采用最简单有效的手段和措施去解决问题，这是每一位企业管理人员和员工都必须认真思考的问题。

简化问题是我们简化工作的一个重要原则。正确地组织安排自己的工作，首先意味着准确地计算和支配自己的时间，虽然客观条件使得你一时难以做到，但是只要你尽力坚持按计划利用好自己的时间，并根据分析总结采取相应的改进措施，你就一定能够提高效率。

简化问题可以帮助我们把握工作的重点，集中精力做最重要或者最紧急的事情。在高强度的工作条件下，如果我们不能理清思路，以复杂问题简单化的思路来开展工作，有针对性地解决重点问题，最初制订的各项目标就难以实现。

在做一件事情的时候，你应该问自己三个这样的问题："能不能取消它？""能不能把它与别的事情一起做？""能不能用更简单的方法完成它？"如果这个问题的答案都是"能"，你就可以把复杂的事情简单化，做事效率也就能明显提高了。

简化工作可以从工作中的一些细节入手。例如，可以通过有效地利用办公用具达到简化工作的目的。

（1）有效地利用名片简化人际管理

名片不仅仅是记录姓名、电话的纸片，你还可以利用名片简化人际管理。一位刚结识的人递给你一张新名片后，你应该在名片上及时地记下你们见面的时间、地点、会谈的主题和重点、由什么人介绍你们认识，以及双方约定的后续接触事项。

（2）合理地利用记事本

在记事本中，你应该分成四项来登记：常用电话号码、待办杂事、代写的文件、待办事项。事情办完后，就可以用笔把它画掉。

如果你觉得记事本的内容比较复杂，你可以用不同颜色加以区分。比如说用红色的笔记录紧急的事情，黑色的笔记录一般的事情。总之，要用不同的颜色标出事情的优先顺序和重要程度。

（3）做好环境管理

一个人的工作效率与他所处的工作环境有很大关系。办公环境杂乱往往会使一个人在烦躁中度过效率低下的一天。不管你是高级主管，还是普通的员工，如果不注重收拾自己的办公环境，就可能在找东西上浪费很多时间。

每天下班后，你需要把目前不需要的各类书籍、文件夹、笔记和其他各种材料收到柜子里放好，为第二天继续工作做好准备。这样，第二天你才能在一个井然有序的环境中工作，心情也会很好。

将简化工作变成一种习惯，贵在执行。下面是哈佛大学的研究人员提出来的一系列最实用的简化工作的方法。

（1）清楚地知道工作的目标和具体要求，避免重复工作，从而减少发生错误的机会。你要知道自己应该做什么，工作的目标对你有什么样的影响，这个目标对你有什么意义，当你搞清楚这些的时候，再进行工作。

（2）主动提醒上级把工作按照优先顺序进行排列，这样可以大大减轻工作负担。

（3）当没有必要进行沟通时，不要浪费时间。当完全没有必要进行沟通时，不要浪费自己的时间和精力进行沟通，尝试让同事或者客户改变什么。

（4）专注于工作本身。在工作中，你应该专注于工作，而非各类有关绩效考核的名目。

6.真正可贵的因素是直觉

心理学家认为，直觉属于创造性思维的范畴，它可以产生和形成任何科学、艺术、技术产品的思想和构思，在人类认识史上占有十分重要的地位。20世纪最伟大的科学家爱因斯坦说："真正可贵的因素是直觉。"德国物理学家黑尔姆霍兹说，他的许多巧妙设想，"不是出现在精神疲惫或伏案工作的时候，而常常是在一夜酣睡之后的早上，或者是当天气晴朗缓步攀登树木葱笼的小山时。"还有些科学家的灵感和顿悟发生在病榻之上，爱因斯坦关于时间空间的深奥概括是在病床上想出来的。生物学家华莱士关于进化论中自然选择的观点是在他发疟疾时想到的。

青年数学家阿普顿，刚到爱迪生的研究所工作时，爱迪生想考考他的能力，于是给了他一只实验用的灯泡，叫他计算灯泡的容积。一个小时过去了，爱迪生回来检查，发现阿普顿仍然忙着测量和计算。爱迪生说："要是我，就往灯泡里灌水，将水倒入量杯，就知道灯泡的容积了。"毫无疑问，身为数学家的阿普顿，他的计算才能及逻辑思维能力是令人钦佩的，然而，他所缺少的恰恰是像爱迪生那样的直觉思维能力。

居里夫人在深入研究铀射线的过程中，凭直觉感到，铀射线是一种原子的特性，除铀外，还会有别的物质也具有这种特性。

想到了立刻就做！她马上扔下对铀的研究，决定检查所有已知的化学物质，不久就发现另外一种物质——钍也能自发发出射线，与铀射线相似。居里夫人提议把这种特性叫作放射性，铀和钍这些有这种特性的元素就叫作放射性元素。这种放射性使居里夫人着了迷，她检查全部的已知元素，发现只有铀和钍有放射性。她又开始测量矿物的放射性，居然在一种不含铀和铣的矿物中测量到了新的放射性，而且这种放射性比铀和铣的放射性要强得多。凭直觉，她大胆地假定：这些矿物中一定含有一种放射性物质，它是今日还不知道的一种化学元素。

有一天，她用一种勉强克制着的激动的声音对布罗妮雅说："你知道，我不能解释的那种辐射，是由一种未知的化学元素产生的……这种元素一定存在，只要去找出来就行了！我确信它存在！我对一些物理学家谈到过，他们都以为是试验的错误，并且劝我们谨慎。但是我深信我没有弄错。"在这种信念的驱使下，居里夫人终于和她丈夫一起发现了新的放射性元素：钋和镭。居里夫人还以她出色的工作，两次荣获诺贝尔奖。

以上两个例子都是对"直觉"的解释，假如我们能够了解，直觉是人类另一个认知系统，是和逻辑推理并行的一种能力，或许我们比较能够接受直觉的存在。让直觉进入我们的生活，与思考的能力并行，就像打开车子前面的两个大灯，同时照亮我们左右两边的视野。

以下几个方法，可以帮助我们找回这个能力。

（1）放松独处

不管是散步、独自开车、躺在床上休息或淋浴泡澡，都是体察内心深处、找回直觉的最好时刻。

画家达文西在创作《最后的晚餐》时，会连日在鹰架上工作，也会一声不响就停下来休息。达文西善于让工作和休息轮番上阵，酝酿出美好的艺术创作。

诚如《7 Brains》一书中所说的，"找出你的酝酿节奏，并学着信赖它们，此是通往直觉和创造力的简单秘诀。"

很多人都有类似的经验，"把一个问题带上床"，醒来时就得到解答。只有在放松、放慢脚步的时候，才有机会听到内在的声音，找到决策时所需要的"直觉"。

（2）保持心思意念的单纯

当我们心里充满杂念或忧虑的时候，我们不但听不到心里的声音，也没办法接收外在的讯息。

（3）不要轻易打发突如其来的想法，或没有预期的感动和情绪

直觉总是在无意之间翩然来到，我们所要做的是去听清楚那是什么东西，而不是急急地否定或压抑它。

（4）学着使用直觉判断事情，并注意如何能成功地运用直觉

可以从小事开始练习，只给自己几秒钟的时间决定事情，例如点什么菜？穿什么衣服？或看哪一部电影？

也可以用心里第一个反应去预测事情，当电话响的时候，猜猜看是谁打来的？这些练习可以锻炼直觉的肌肉，帮助你用直觉来决定事情，而不是用理性的思考来寻找答案。

（5）记录自己的直觉或灵感

写下突如其来的想法，或者有关直觉的具体观察。长期记录它们，有助于辨认直觉与错觉。

直觉开发专家萝珊娜芙提出一个"三定律"来教人辨认直觉。"当一个想法出现的时候，让它走。当它再出现的时候，再让它走。假如它第三次再回来，就可以放心地听从这个感觉。"

透过简短的笔记或长期的日记，可以帮助自己了解曾经有过什么样的感动或灵感，长期的记录甚至可以连成一个具体的结果。达·芬奇就是个勤于做笔记的人，他随时写下他所看到的、想到的东西，许多创作就是从这些笔记一点一滴出来的。

7.构建团队才能实现梦想

优秀的CEO往往会构建他们的团队来一起实现梦想，即便是迈克尔·乔丹也需要队友来一起打比赛。

洛瑞是一名能干而热情的工程师，最近新晋升为一个项目小组的主管。洛瑞希望自己的专业技能能够超过下属，而且能比他们更好、更快地完成工作任务，所以他打算先集中精力完成工作，以后再慢慢地培训他们，洛瑞没有分派重要的工作给他的下属，总是亲自完成部门里面有价值的工作，其下属只是做一些比较简单平常的工作，也不太了解这个项目的重大事项。其中有一名骨干，因为工作缺乏挑战性，不利于个人成长而辞职，而洛瑞却一个人经常加班加点，在项目组里成了不可或缺、无可替代的核心。

委派工作就是将工作职责和职权赋予指定的个人或团队，使该个人或团队对组织产生承诺、归属感和参与感，提升其工作价值和组织贡献度，同时使管理者能够从日常事务中解脱出来，专心致力于那些更重要、更高价值的核心工作。简言之，委派工作就是把工作任务交给下属去做，就是交代别人去做事。

管理者必须掌握委派工作的技能，让自己从繁杂的事务中解脱出来。同时让下级得到锻炼，让他们创造自己岗位职责的绩效和价值。

有些主管不重视委派工作，认为这只是一个工作风格的问题，认为交代一下就可以了。其实，委派工作是一项最基础、最基本的工作，与管理风格没有关系。委派对员工的好处主要体现在以下几个方面：

（1）委派能够让员工得到更多的锻炼机会，激发他们的工作热情；

（2）委派能够让员工独立承担职责，行使某一项职权，让他们能够体会到工作的乐趣和自身的价值；

（3）委派能够让员工的潜能得到开发，使员工对自己的职业发展更有信心。

委派可以让组织、团队更加有序、有机地运作，大家各司其职，合理分工，相互协作，共同完成组织的目标。组织目标的实现，不是单靠哪一个员工和管理者完成的，而是要靠所有的人。委派对管理者的影响主要体现在以下几个方面：

（1）委派可以使管理者从烦琐的日常事务中脱离出来，提高自己的工作效率；

（2）委派可以避免出现部门的大部分工作都压在管理者身上的现象，能使管理者工作起来更轻松；

（3）委派还能够使管理者看到下属实际的工作能力，以及他们在不同方面的特长、兴趣、喜好等，增进对下属的了解。

一个公司的管理者能够有效地委派，也会使公司从中获益，特别是当员工被授权可以在一定程度上决策的时候。因为下属总是比上司更接近客户、更熟悉公司的日常业务，他们在自己的位置上作出的决定对公司是绝对有好处的。委派不仅可以使公司的业务流程更加通畅平滑，还能够使公司内部的信息、服务、物资和整个资金链更为流畅。

其实，企业内部是一个供应链，是一个流程，这个供应链包括信息的供应链，信息传播的通路、渠道和服务的供应链，也就是内部客户和外部客户，经销商和终端用户。

消费者和内部客户是业务流程的下一道工序，每一个部门，每一个岗位，都要为自己的内外部客户服务，包括钱流、物流、信息流和服务流等。要做到外部客户满意，内部客户一定要平滑、流畅。中医云，通则不痛，痛则不通。如果经络不通的话，就可能会有疾病发生，同理，如果组织内部的业务流程不顺畅，就可能会导致外部客户投诉，给公司造成不利影响。

各级组织和管理者向下委派工作，要能够做到人尽其职，控制有力，检查到位，提高执行力。同时，下属在委派的工作中也得到了锻炼，得到了成长，公司的发展才不会后继无人。由此可见，委派对公司、对管理者、对员工个人都有很大的好处。

在企业里面，有很多员工的潜能可能连他们自己都没有发现，作为一名管理者，要善于发现、善于挖掘和培养他们，为企业储备更多的人才。委派工作就是发现员工潜能的有效手段之一。管理者对委派必须有以下认知。

（1）委派就是让下属承担相应的工作和职责。这是作为一名管理者对委派的正确认知。所以委派的工作一定要与下属的职责、责任完全相关。

（2）委派要让下属也享有完成其工作所需要的适当资源和权限。也就是说下属完成这件工作，在他职责范围内的责、权、利一定要清晰、明了。

（3）委派人同样要对委派工作、被委派人负责。委派出去的工作如果出现错误，委派的上级也要承担责任。

（4）委派是由下属完成工作，要让他们自己决定怎样去做，委派人只是起一个监督或者指导的作用。

（5）委派不仅仅是给下属提供锻炼的机会，同时还是让他们具备完成工作的能力，或者说这本身就是下属的职责所在，即使他早已掌握了这样的技能，出于职责的要求，他们还是要去做。

在工作过程中，作为一名管理者要对自己委派工作的技能进行评估，了解自己委派工作的能力如何，以更好地发挥委派的作用。为此，管理者可以通过以下要求评估自己委派工作的技能。

（1）管理者应该对每一个下属提出具体的期望和要求，然后用文字写下来，再跟他们进行面谈与沟通，要让下属知道对他们的具体期望和要求。

（2）管理者应该让下属参与到解决问题、自我评估、设定目标和提高生产力的活动中去，让下属参与团队管理工作。

（3）管理者应该把每天工作的重心和多数时间去做管理组织和控制工作，而不是去做常规性的、琐碎的或者技术性的具体工作。

（4）管理者在分配工作任务的时候，应精心挑选最合适的人，知道到底把这个工作分派给谁，同时要知道谁在负责这个工作。

（5）当委派工作出现一些问题的时候，管理者应让受委派人自己解决问题，而不要太多、太直接地干预。

（6）在委派工作的时候，管理者会针对工作中所有的细节问题作一个简要说明，让下属明白工作的重点在哪里。

（7）委派可以帮助下属改进和提高自己的工作技能。按照这个原则去分派工作时，委派的工作一定是对提高下属的技能有利的。

（8）在紧急情况下，管理者应该去支持和帮助下属，但是不亲自参与到具体工作中，或者帮助其完成。

也就是说当下属不能完成委派工作时，管理者不应该主动帮他完成，或者主动参与，除非下属有请求。但是紧急状况或特殊情形例外。

（9）在分派工作任务的时候，管理者要强调所期望的结果，并要求下属对这个结果负责，而不是强调如何去完成工作或者简单地推卸责任，管理者也必须对这个结果负责。

（10）管理者不要跟自己的下属谈更多的如何做的具体细节，应该强调工作任务是什么，工作任务的细节问题要讲清楚，但具体方案和行动计划由下属决定。

Part **3**

你是我输得起的明天

我确信生活就是一连串的尝试和失败。

我们只是偶尔获得成功。重要的是要不断尝试，勇于冒险。

——玫琳凯

05章

总有人要赢，
为什么不能是你

1.每一天都面临冒险

自有文字记载以来，冒险总是和人类紧紧相连。虽然火山喷发时所产生的大量火山灰掩埋了整个城镇，虽然肆虐的洪水冲走了房屋和财产，但人们仍然愿意回去重建家园，继续生活。飓风、地震、台风、泥石流等自然灾害都无法阻止人类一次又一次勇敢地面对重建家园的危险。

当我们横穿马路的时候，总是有被车撞到的危险；当我们在海里游泳的时候，也同样有被卷入逆流或激浪的危险，坐飞机，也有坠机或劫机的危险。

事实上，我们总是处于这样那样的冒险境地，因为我们别无选择。

我们必须横穿马路才能走到另一边去；我们也必须依靠汽车、飞机或轮船之类的交通工具，才能从一个地方到达另一个地方。

每个人在每一天都面临冒险，除非我们永远扎根在一个点上原地不动。的确，当冒险的结果不太令人满意的时候，总有人会说："还是躺在床上保险。"很多人从来不愿去冒险，似乎习惯于"躺在床上"过一辈子。

"千万要小心谨慎从事"，许多人都是在这样一种敦促、提醒、告诫的语言环境中一点点长大成熟的。正因为周围环境时时刻刻存在这样的善意提醒，一般人很难挣脱原有束缚去冒一把险。

许多人从不考虑自己创业，因为那"太冒风险了"。接受大公司的职位是他们的选择，似乎其中不存在某天被解雇的风险。许多人一心只想着"干活——拿工资——花钱"，要公司"关心"他们的生活，认为这样的工作风险小。但是，这样的工作并不保险，因为有被解雇的风险。

工作和生活永远是变化无穷的，我们每天都可能面临改变。新的产品和新的服务不断上市，新科技不断被引进，新的任务被交付，出现新的同事，更换新的老板……这些改变，也许微小，也许剧烈，但每一次改变，都需要我们调整心情，重新适应。

改变，意味着对某些旧习惯和老状态的挑战，如果你紧守着过去的行为和思考模式，并且相信"我就是这个样子"，那么，新事物就会威胁到你的安全感。

我们有成为成功人士的欲望，却不敢冒险，怎么能够实现伟大的目标？冒险与收获常常是结伴而行的。风险和利润的大小是成正比的，巨大的风险能带来巨大的效益。险中有夷，危中有利。要想有卓越的成果，就要敢冒风险。

划时代的探险行为不是时时发生的，也不是每一个探险家都会碰到的机遇。冒险精神不是探险行动，但探险家必须拥有足够的冒险精神。

没有这一点，成功就与你无缘。

谁都知道螃蟹美味可口，然而，第一个吃螃蟹的人一定是带着冒险精神去尝试的。在商业竞争中，有远见的人总是采取开拓型的经营决策，争取主动，获得比竞争者领先的优势，从而出奇制胜。

戴维·托马斯是温迪国际公司创始人，他在世界各地拥有4300多家快餐店。他这样回忆自己的童年：

"我12岁时，我们全家迁到田纳西州的诺克思维尔。我设法使一位餐厅老板相信我已16岁，他才雇用我当便餐柜台的招待，每小时25美分。这是我的第一份工作。

"餐厅老板弗兰克和乔治·雷杰斯兄弟是希腊移民。刚来美国时，他们曾干过洗盘子和卖热狗的工作。他们极为坚强，并为自己定下了非常高的标准，但从来不要求雇员做他们自己做不到的事情。

"弗兰克曾告诉我说：'孩子，只要你愿意努力尝试，你就能为我工作；如果你不努力尝试，你就不能为我工作。'

"他所说的努力尝试包括从努力工作到礼貌待客等一切内容。当时通常的小费是一个10美分的硬币，但由于我能很快把饭菜送给顾客并服务周到，有时就能得到25美分小费。我记得曾经尝试自己一个晚上能接待多少客人，结果创下了100位的纪录。通过第一份工作，我认识到：只要你努力工作、努力尝试，你就会成功。"

第一个做的是天才，第二个做的是庸才，第三个以后做的便是蠢才。一座金矿也许已被别人开采了八九次，你才去辛苦地加以再开采，那找到金子的概率微乎其微。眼光独到的经营者都明白这样一个道理：在一个尚未有人注意到的领域里，要获得成功，比在前面的金矿里寻宝容易得多。

只有别人还没有发现而你却发现的机会才是黄金机会，尽管这样做冒险，但不冒险就没有赢，只要有50%的希望就值得冒险。

也许第一次尝试，会挫伤你一往无前的勇气与一马当先的锐气，也会扼杀你坚持顽强的韧劲与不怠不懈的干劲。但是，碰了一次小小的"壁"，绝不应该放弃，而是一次次地继续实践、不断尝试，只要付出努力，最终会到达财富的彼岸。许多时候，我们失败的真正原因在于：没有去"再试一次"。正是缺乏"再尝试一下"的努力，使得我们与唾手可得的机遇失之交臂。

2.敲门就进去

在创业的路上，面对最直接的利害得失，我们必须敢于作出自己的选择，表达自己的态度，并且承受因我们的选择而带来的后果。

真正的勇气就是秉持自己的意见，不管别人怎么说。只要确定自己是对的，就坚持信念，无怨无悔。

有时候成功源自"敲门就进去"的冒险，如果你根本没有仔细想过要冒险，那你就只能待在原地，安于现状，既不能后退，也不前进。你的日子很可能过得呆板、懒散。

一个成功的人往往富有胆量和勇气，如果没有胆量和勇气，机会来了也不敢去抓。

一天，日本三洋电机的创始人井植岁男家的园艺师傅对他说："社长先生，我看您的事业越做越大，而我却像树上的蝉，一生都坐在树干上，太没出息了，您教我一点创业的秘诀吧。"井植点点头说："行！我看你比较适合园艺工作。这样吧，在我工厂旁有2万坪空地，我们合作来种树苗吧。""树苗1棵多少钱能买到呢？""40元。"井植又说，"100万元的树苗成本与肥料费用由我支付，以后3年，你负责除草施肥工作。3年后，我们就可以收入600多万元的利润，到时候我们每人一半。"听到这里，园艺师却拒绝说："哇，我可不敢做那么大的生意！"最后，他还是在井植家中栽种树苗，按月拿工资，白白失去了致富良机。

每个人都有一定的安全区，你想跨越自己目前的成就，就不要划地自限。只有勇于接受挑战充实自我，你才会超越自己，发展得比想象中更好。

任何时候，过人的胆识和胸怀都是一个人重要的品质，做生意是这样，做人是这样，做任何事情都是这样。只有如此，才能禁得起生活中的枪林弹雨，成为胜利的那一个。

敲门就进去，做不好没关系，总比什么都不做、滞留在门前好。

3.冒险是潜能的引爆器

冲浪是一种挑战极限的活动，冲浪者在学习驾驭浪头时，会很清楚地意识到自己在对抗一股无法掌握的庞大力量。永远不可能有两个相同的浪，海浪总是变化多端、捉摸不定的。但是，冲浪者却把这些视为考验身心的大好机会，他们甚至会主动寻找大浪，浪越大，乐趣越多，即使可能会被浪击倒，吃进满嘴的沙粒，也无所谓。他们坚信，不去经历就无法突破。

冲浪者把对大海的恐惧当成兴奋剂，利用浪的力量去攀上一个又一个高峰。有医学报告指出，人体在危险的情况下，会进入一种"高度警戒"的状态，帮助自己立刻有效地应付变局。换句话说，挑战极限是人类天生的本能。

无可否认，所有的冒险都会令人感到兴奋，同时也会令人产生焦虑。不过，话又说回来，在生命的过程中，冒险既然是不可避免的事，何不干脆让自己奋力放手一搏？

当然，谁也不想失败。所以要确知哪些风险可以试试，哪些风险不能贸然行动。只了解事实是远远不够的，你还必须了解你自己。你一定要有个清楚的概念：你是通过害怕和野心这两个放大镜来观察和评估风险的，而这两块镜片下反映出来的东西，并不是永远不走样的。在决定下注的时间和地点之前，一定要认真考虑，包括你在人生奋斗中所处的确切位置，以及那个位置对你所产生的影响。也就是说，你必须考虑以现在的条件，假设失败了，是否还有后路可退，你有多少筹码，等等。

但是赌注是一定要下的，即使你知道有可能输。而且一旦筹码落地，你就不能再想着输了，要想着赢。即使你的赌注全输了，你也不用过于灰心丧气，因为失败是每个人都必须经历的事情，是非常正常的。冒险必定要付出一定的代价，在决策时就应该把这种代价考虑进去。总之，既要敢于冒险，又要尽量减少风险成本，这才是成功之道。

人生需要尝试，特别是在创业时期。一般说来，创业之初并不知道最后的结果如何，那么，在这个时期，就需要尝试、尝试、再尝试，试验、试验、再试验，挑战、挑战、再挑战。

如果我们能够尝试着向前走，不被艰难和黑暗吓倒，我们就会发现，其实一切并没有那么可怕。

世上没有一步登天的事，必须不断地在尝试中学习，在尝试中经历错误，再加以修正。对于那些成功者而言，他们不可能轻而易举地就获取胜利的果实，而是在尝试中逐步逼近预设的目标。显然，没有尝试，任何人都是无法成功的。

在现实生活中，我们会发觉有的时候一条路看着黑，但是走下去却未必如此，往往是走到近处的时候，才会发现，原来并不太黑，甚至根本就是"亮"的。这不仅是自然界的一种情形，在人生的事业、爱情、家庭、金钱和人际关系上也是如此。坐在那里想，越想越可怕；坐在那里看，越看越黑暗。如果我们能够尝试着向前走，不被艰难和黑暗吓倒，大胆地去探一探究竟，我们就会发现，其实并没有那么可怕。

玫琳凯化妆品公司的创始人玫琳·凯曾讲过她的创业故事：

"我首次举办玫琳凯化妆品销售展时碰了一鼻子灰。我当时急于想证明可以让许多女孩子购买我们公司的护肤产品，我希望自己举办的销售展能一举打响公司品牌。但是那天晚上我总共只卖了一块五毛钱。离开销售展地点后，我开车拐过一个街角，趴在方向盘上哭了起来。'那些人究竟怎么了？'我问自己，'她们为什么不要这种奇妙的护肤品？'一阵恐惧感掠过我的心头。我的第一个反应便是怀疑自己是否太冒险了，或许准备得还不够充分。我之所以忧心忡忡，是因为我把毕生的积蓄全部投到这项新产品的研发中了。我对着镜子问自己：'玫琳，你究竟错在哪里？'这一问却使我恍然大悟，因为我竟然从来没想过请人订货。我忘了向外发订货单，却只是指望那些女人会自动来买东西！

"是的，我失败过，而且几度差点崩溃。但是分析了前因后果之后，我从失败中吸取了教训。我数千次向玫琳凯公司的员工们讲述这段往事。我要他们知道，我首次举行化妆品销售展时的失败经验，但是我并没有因此而灰心丧气。那次的失败是我后来之所以能成功的原因，我确信生活就是一连串的尝试和失败，我们只是偶尔获得成功。重要的是要不断尝试，勇于冒险。"

你相信一件事吗？人人都是天生的冒险家。研究指出，人类从出生到5岁之间，即生命开始的前5年，是冒险最多的阶段，学习的能力远比往后数十年更强、更快。试想，一个不到5岁的幼儿，整天置身于从未经历过的环境中，要不断地自我尝试，学习如何站立、走路、说话、吃饭等。这个阶段的幼儿，无视跌倒、受伤，一切冒险皆视为理所当然，也因为如此，幼儿才能逐渐茁壮成长。反而一个人年纪越大，经历过越多事情，就变得越胆小，越不敢尝试冒险。这是为什么？

理由很简单，因为，大多数人根据过往的经验得知，怎么做是安全的，怎么做是危险的。如果贸然从事不熟悉的事，很可能会对自己产生莫大的威胁。所以，年纪越大的人通常越讨厌改变，喜欢安于现状，因为这样才能让他们感觉舒服。

行为学家把这种心态称为"稳定的恐惧"，意思是说，因为害怕失败，所以恐惧冒险，结果"观望"了一辈子，始终得不到自己想要的东西，殊不知，凡是值得做的事多少都带有风险。

害怕冒险往往是因为担心自己的能力不足。然而，有趣的是，一旦勇于接受挑战之后，绝大多数的人都会恍然大悟：自己拥有的能力竟然远远超过原来的想象！

了解自己具备"超能力"的确是一件非常过瘾的事。在白领阶层，目前最流行的就是去参加户外挑战课程，如攀岩、急流泛舟、荒地探险、单车越野等，因为这些冒险活动可以让人们萎靡已久的身心重新得到振奋。

在不断尝试的过程中，适时加入一些"调味"的冒险吧！就如儿时的寻宝游戏一样，走错了路，大不了再转过头，沿原路走回来。只要有机会重新开始，事情就不算太糟。所以，即便失败，也是一次饶有趣味的学习。若是成功，自然就会展开下一场冒险。

4.学会放弃，但不轻言放弃

大发明家爱迪生曾说："我从来不做投机取巧的事情。我的发明除了照相术，没有一项是由于幸运之神的光顾。一旦我下定决心，知道我应该往哪个方向努力，我就会勇往直前，一遍一遍地试验，直到产生最终的结果。"

坚持不懈，不轻言放弃不是一时的冲动，而是需要养成一种习惯。

养成不轻言放弃的习惯，会让你慢慢变得坚强，不把事情做完的话，你就会感到自己像个没有志气的懒虫。如果你不敢肯定能不能把工作完成，就很难开始做另外一件新的事情。这是很重要的一点。因为从事的工作可能只花几个小时，也可能要花许多年。但不管用多少时间，你都得面临一个问题：完成这件工作呢，还是放弃它？

那么，你最好一开始就弄清楚自己是不是真的想要去完成它，它是不是你有能力去完成的，要不然你何必花这些心力和体力呢？

如果你在某一领域是专业人士，你的成功目标就是成为这一领域的泰斗，那么就不能是简单地把计划完成，你必须把作品展示出来，接受别人的评点。不要把你的小说只给一家出版商看，如果这一家没接受，就全盘放弃。你必须一直努力，给很多家出版社看，一定要给自己的作品创造充分展示的机会。如果你为了完成这个计划已经付出了很多，那就坚持下去，最艰难的时候，往往是离成功最近的时候。告诉自己，既然选择了就不要轻言放弃。说服自己，这就是最适合自己的。

不要轻言放弃，尤其不要在以下几方面轻言放弃。

第一，不要轻易放弃做好人的信心。在现实生活中，有许多东西需要我们珍惜，需要我们不轻言放弃。人类社会之所以充满温情，在于主流社会推崇真、善、美。做好人才会感到内心自在，生命里才会洋溢着自由和幸福。

第二，绝对不要轻易放弃对自己的尊重。我们常常在镁光灯下看成功人士的无限风光，时时感叹——为什么别人那么成功，自己却这么不济？造物主怎能如此不公，将美丽、智慧、健康通通馈赠给了别人，而自己却经常倒霉？真的如此吗？人人有本难念的经。成功人士内心其实也有很多痛楚，他们也不总是春光满面。只是，经过剪辑、屏幕过滤，以及蒙太奇的技术化处理，我们通常只能看到那些闪光点，只能看到他们"要风得风，要雨得雨"的样子，只能看到他们的青春靓丽和倜傥风流。往往在他们发生意外时，我们才发现他们原来也与我们一样。

第三，不要轻易放弃自己的梦想。总能看到或听到一些人少年得志，十几二十岁便红遍大江南北，出入有宝马，居家住别墅，贴身带随从。许多风光的艺人、运动员、富豪，他们竟然比我们还年轻，而名声抑或财富却比我们要多得多。对此，我们可以祝贺与赞赏，却没必要羡慕，更没必要自惭形秽。人生的目标不同，每一个人的人生都自有各自的前进轨迹。古语说："太公八十遇文王，老不老；甘罗十二为丞相，小不小。"保持一种恬淡的心态，从容地面对生活，自在即是成功。

第四，不要轻易放弃为这个时代而努力。有些人感叹：历史上不少时代群星璀璨、英雄辈出，而自己身处的时代，为什么凡夫俗子如此之众？这是一个大师匮乏的时代。别难过，也不要发慌。逝去的岁月，大浪淘沙，沉淀下来的历史河床中，我们自然能看见大鱼。我们在自己所处的河流中冲浪，看见的必定多是小虾。每个时代都能产生自己的英雄，若干年后，后人检索我们的时代，同样会赞叹这个时代的伟大。

当然，如果执着已久的目标一直没有出现半点成功的迹象，甚至根本不可能成功，你只是碍于面子不好意思放弃，那就大胆些，改变自己，尽管去放弃。

英国著名诗人济慈本来是学医的，后来发现了自己有写诗的才能，就当机立断，放弃了医学，把自己的整个生命投入到写诗当中去。他虽然只活了20多岁，但他为人类留下了许多不朽的诗篇。

伽利略原本也是学医的。他在被迫学习解剖学和生理学的时候，他却偷着学习欧几里得几何学和阿基米得数学，偷偷地研究复杂的数学问题，当他从比萨教堂的钟摆上发现钟摆原理的时候，他才刚满18岁。

俄罗斯著名的男低音歌唱家夏里亚宾也曾有此遭遇。十几岁的时候，他来到喀山市的剧院经理处，请求经理听他唱几支歌，让他加入合唱队。但他正处在变音阶段，没被录取。过了些年，他已成了著名歌唱家。一次他遇到了高尔基，和作家谈起了自己青年时代的遭遇。高尔基听了，出乎意料地笑了。原来就在那个时候，他也想成为该剧团的一名合唱演员，而且……被选中了！不过，很快他就明白，他根本没有唱歌的天赋，于是又退出了合唱队。

所以，除了坚守，一个人也要学会放弃，放弃你不想做的事；一个人要学会选择，选择你喜欢并擅长做的事。只是在放弃之前，一定要问自己是否找到了更好的站台。

总而言之，放弃，但不轻言放弃，这样你就能做到在每一次放弃之前，都会深思熟虑一番，就会做到慎重面对每一次的放弃，这样就可以减少日后不必要的后悔。

5.信念可以是天使，也可以是魔鬼

哈佛大学心理学教授威廉·詹姆斯曾说："几乎不论任何课程，只要你对它满怀热忱，你必定会为了它废寝忘食。倘使你对某项结果十分关心，你自然会获得成功。如果你想做好，你就会做好。若是你想学习，你就会去学习。"

信念不是自然生成的，而是我们在过去的经验中逐渐形成的，它是我们生命中活力的来源，指引出我们人生的方向，决定我们人生的价值。

5名矿工在矿井下采煤时，矿井突然倒塌，幸好矿井没有完全压住他们，只是出口被堵住了。现在他们面临的最大难题就是，如果不能及时得到救援，他们将由于呼吸不到氧气而在2个半小时内窒息而死。

5名矿工商定，为了尽可能地节省氧气，5人都平躺在地上，以尽量减少体力消耗。在一片沉寂中，每个人的心里都默默计算着时间，感觉死亡正一步步向他们逼近。

这5名矿工当中只有一个人戴着表，于是另外4个矿工都向这个人询问：过了多长时间了？现在几点了？还有多长时间？

矿工队长发现，如果大家再这样焦虑下去的话，他们将消耗更多的氧气，可能连2个半小时都坚持不了，于是决定让戴表的矿工每隔半个小时报一次时间，其他人一律不许提问。

第一个半小时很快就过去了，戴表的矿工轻轻地说："过去半小时了。"他一说完就看到大家都拧紧了眉头，不吭一声。于是，在第二个半小时过去时，他没有出声，他希望大家可以忘掉死亡。当一个半小时过去时，他才慢慢地说："一个小时过去了。"此时大家都感到这一个半小时犹如一天那么长。接下来这个通报时间的矿工依旧用这种方式来欺骗大家。

当时间过去3个半小时后，救援人员终于找到了他们，而里面几乎已经无法呼吸了。当把这5名矿工抬到地面上时，4名矿工安然无恙，一个人因窒息而死——这个人就是那个戴表的矿工。

　　这就是信念的力量——那4名矿工之所以会坚持那么长的时间，就是因为他们的心里有一个信念，就是氧气足够他们存活2个半小时，而现在时间还不到；那名戴表的矿工之所以会窒息而死，也是因为他知道矿井里的氧气只够他们生存2个半小时，而时间早过了！

　　可以说，只要有信念的支撑，我们就会无往而不胜，一旦丧失了信念，也就等于丧失了生存的希望。我们经常会认为一个人的成就深受环境影响，有什么样的环境就有什么样的人生。这实在是荒谬极了，影响我们人生的绝不是环境，也不是机遇，而是要看我们对这一切抱着什么样的态度。

　　有两位年逾七十岁的老太太，因为对于自己的未来规划有不同的想法而有了不同的人生。一位认为到了这个年纪可算是人生的尽头，于是便开始料理后事；但另一位却认为，一个人能做什么事无关乎年龄的大小，而在于是否有心完成。于是后者替自己定下了一个目标，以70岁高龄开始学习登山，之后的25年里她一直参与攀登高山的活动，甚至登上了几座世界闻名的高山。她95岁时还登上了日本的富士山，打破有史以来攀登此山最高年龄的纪录。

　　不是环境也不是机遇能够决定一个人的一生，而得看人们对于这一切赋予什么样的意义，也就是说一个人如何认识自己，这不仅会决定他的现在也决定他的未来。你的人生到底是喜剧收场还是悲剧落幕，是多姿多采还是平淡无奇，就全在于你到底抱着什么样的人生信念。

　　信念何以对我们的人生产生这么大的影响？事实上，信念可算作我们人生中追求快乐、避开痛苦的力量。当一件事情发生时，脑海里会自然浮现两个问题：一是这件事对我是快乐还是痛苦（或者说是好还是坏），二是此刻我得采取什么行动，才能避开痛苦或得到快乐。这两个问题的答案如何，就全要看我们以何种角度来思考。

　　赵小兰，华裔美国人。2001年1月1日，她成为进入美国总统内阁的华裔第一人。在美国劳工部长的岗位上，她又创造了新的业绩。

　　赵小兰在接受央视《高端访问》时坦言，她的成功源于有乐观向上的生活态度和战胜困难的坚定勇气，有果敢选择的决心和魄力。

　　初到美国，生活非常困难，条件简陋，语言不通，没有朋友。面对陌生的土地、陌生的文化，赵小兰总是这样鼓励自己：相信明天会更好。她从未觉得困难不可战胜。这种信心首先来源于赵小兰父母的勇气，这种信心还来源于历代华人移民艰苦奋斗的传统，这种信心还来自对美国宽容他人和热心助人等文化的理解与认同。这一切铸就了赵小兰乐观豁达、坚强有力的人生态度，更成就了她辉煌的事业。

　　本来赵小兰在金融业已有相当的成就，任旧金山美国商业银行国际金融副总裁，年薪已达10多万美元。但是1983年，她毅然决然下定决心转变人生发展方向，放弃银行业高薪，考取美国白宫实习生，走上从政之路，从很低的职位做起。

　　赵小兰说，人只要有信念，就敢于选择，勇于坚持，就能显示出决心和魄力，就能从内心勉励自己克服困难，就一定会"自己有主心骨"，就"自己知道什么是最重要的"。

　　当有了消极的信念后，一个人对于未来就不敢有任何希望，一生也就只能平淡地度过了。也就是说，信念是能力的供应站，当你选择了什么样的信念，它就会主宰你该采取什么样的行动。

　　信念可以是创造，也可以是破坏，就看你是从哪种角度去思考。人类对于生活中的遭遇会很主观地赋予某种意义，有的积极，有的消极，前者可使人重拾破碎的心，继续向前迈进，而后者很可能就此毁掉这个人的一生。

6.世界这么大，我要去看看

越来越多的年轻人为了梦想而离家远行，北上南下寻找人生方向，于是有了"北漂"，有了"港漂"。每一个漂泊者，都有自己的故事，或许充满荣光，或许饱含辛酸，或许平平淡淡。但无论结局如何，他们都很少后悔自己的选择。

天天宅在家里打游戏上网聊天，或者守着一份撑不着饿不死的工作享受安逸，不如趁年轻出去闯一闯。人生最痛苦的就是后悔当年不曾为了梦想而勇敢地闯荡，最遗憾的便是不曾为了未来注满热血，放手一搏。年轻，最需要的就是过一段沉默而执拗的日子，沉浸在充满力量的奋斗和努力中。对年轻来说，磨砺才叫生活。

新东方创始人俞敏洪曾经这样说道："我发现成功人士都有一个特质，就是不安分，敢于闯荡。比如我父辈当中的很多成功者，都是随着改革开放放弃了原来的铁饭碗，只身闯荡江湖的。但这绝对不是什么'懂得放弃'的精神，而是因为他们不安分，不满足于眼前安稳的现状，我就遗传了这样的不安分基因。"

他还说："我不喜欢按部就班的生活，安逸让我心里不安分。其实北大已经给了我很大的自由，因为一周上课才8小时，这之外就全是你的时间。每个月的奖金和工资还照拿，基本就是挺安逸的。要按这个走下去就是一个挺安定的生活。但后来我又想这也不太符合我的个性。因为我在外面尝到了甜头，看到我在外面一个月可以多出北大10个月的工资，这样心里就不安分了。"

就这样，从北京大学辞职的俞敏洪顶着寒风，冒着烈日，骑着自行车在北京的大街小巷里贴小广告，在一座漏风的违章建筑里，创办起了新东方英语培训学校。

后来，新东方成功登陆美国主板证券市场，俞敏洪身价在一夜之间飙升至2.42亿美元，成为中国有史以来最富有的教师。

很多人都喜欢讨论比尔·盖茨、乔布斯等一干人的成功之道，抛开技术层面和营销方面不谈，从本质上说，他们两个都是不安分的人，都曾趁着年轻出来闯荡社会，"想给这个世界带来点新的东西"，只因为这样他们才会在尚未兴起的个人电脑上作出巨大贡献，两个人连大学都不上完就敢于创业了，有多少人能做到这一点？一个循规蹈矩、"安分守己"的人，绝对不会为冒险付出任何代价。宅在家里的人不会想到另辟蹊径，单独开辟一条道路。

我们应该知道，风险与机遇并存，机遇与风险同在。年轻时，如果总是怕失败，怕风浪，宅在家里，永远也不会碰见机遇。闻名世界的石油大王洛克菲勒就是在风险中抓住机遇的。

在美国南北战争前，时局动荡不安，各种令人不安的消息不断传出。人们都在忙着安排自己身边的事情，忙着安排自己的家庭和财产。洛克菲勒却并没有宅在家里数钱，而是利用自己的全部智慧在思考，如何从战争中获取附加利益。他想：战争会使食品和资源匮乏，会使得交通中断，使得商品市场价格急剧波动。他想：这不是金光灿烂的黄金屋吗？走进去，一定满载而归！

那时候，洛克菲勒仅有一家4000美元的经纪公司，他决定豁出一切去拼一下！在没有任何抵押的情况下，洛克菲勒用他的设想打动了一家银行的总裁，筹到了一笔资金。然后，他便开始了走南闯北的生意之路。一切都如他预想的那样，第四年，他的经纪公司的利润已经高达一万多美元，是预付资产的4倍。在第一笔生意结账后不到半月，南北战争爆发了，紧接着，农产品价格上升了好几倍。洛克菲勒所有的储备都为他带来了巨额利润，他的财富就像滚雪球一样越滚越大。

经过了这件事，洛克菲勒记住了一个秘诀：机遇藏在于动荡之中，关键在于敢投身进去拼搏闯荡。

有人说："趁着年轻出去闯一闯吧，世界上最悲惨的事情莫过于年轻人总安于现状地宅在家里不思进取。"满足于平庸生活的人是可悲的，当一个人满足于现有的生活时，他已经开始退化了。敢于闯荡的人总会发现一些新的东西，或者说创造一些新的东西，并且他们总能想到别人想不到的地方，敢为天下先，这是成功的必要精神。

宅在家里的生活可能会很舒适，舒适的诱惑和对困难的恐惧确实征服了不少人，但年轻就是用来闯荡的，用青春去享福，是一种罪过，因为老了的时候，再想去闯，就闯不动了，"再不疯狂就老了"。

7.最糟，也不过是从头再来

最糟糕的事是什么？损失金钱，失去爱情，离别亲人，遭人陷害，还是被病痛折磨得够呛？不，这些都不是最糟糕的事，只要你的生命尚存一口气息，只要你还活在这个世界上，你就没有理由抱怨自己的现状太糟。除此之外，任何东西你失去了，哪怕你现在一无所有，也只不过是从头再来，没什么大不了。

人的一生是一段漫长的路程，不要因为一时的失败就否定自己，要有从头再来的勇气。要用平常心去看待人生中的起落，不能因为一次的得失就断定一生的成败。人生的路上不可能永远一帆风顺，总有潮起潮落，有时失败也未必是坏事。没有昨天的失败，未必有今天的成功。人生最大的敌人是自己，只有敢于承认失败的人，敢于从头再来的人，才能最终战胜自己，战胜命运。面对失败，我们没什么可抱怨的，从哪里跌倒，就从哪里爬起来。

这个世界上大多数人都失败过，一些人越战越勇，排除万难迎来了成功，而另外一些人却从此一蹶不振，陷入人生的泥沼。其实，所有的不幸都不可怕，可怕的是我们丧失了斗志，失去了面对的勇气。只要我们的生命还在，跌倒了就爬起来，所有的伤痛都可以疗愈！

有一首诗写道："白云跌倒了，才有了暴风雨后的彩虹。夕阳跌倒了，才有了温馨的夜晚。月亮跌倒了，才有了太阳的光辉。"在坚强的生命面前，失败并不是一种摧残，也并不意味着你浪费了时间和生命，而恰恰是给了你一个重新开始的理由和机会。

一次讨论会上，一位著名的演说家面对会议室里的200个人，手里高举着一张50元的钞票问："谁要这50块钱？"一只只手举了起来。

他接着说："我打算把这50块钱送给你们当中的一位，在这之前，请准许我做一件事。"他说着将钞票揉成一团，然后问："谁还要？"仍有人举起手来。他又说："那么，假如我这样做又会怎么样呢？"他把钞票扔到地上，又踏上一只脚，并且用脚碾它。而后，他拾起钞票，钞票已变得又脏又皱。"现在谁还要？"还是有人举起手来。

"朋友们，你们已经上了一堂很有意义的课。无论我如何对待这张钞票，你们还是想要它，因为它并没贬值，它依旧值50元。"

在人生路上，我们又何尝不是那"50元"呢？无论我们遇到多少的艰难困苦或是失败受挫多少次，我们其实还是我们自己，我们并不会因为一次的失败而失去固有的实力和价值，我们并不会因为身陷挫折而贬值。

现实中有太多的人曾无数次被逆境击倒、被欺凌甚至碾得粉身碎骨，遂失魂落魄觉得自己一文不值！事实上生命的价值不因我们遇到的挫折或是困境而改变。无论发生什么，或将要发生什么，我们永远不会丧失价值。无论肮脏或洁净，衣着齐整或不齐整，我们依然是无价之宝。只要我们抱着大不了从头再来的勇气，下次的成功就一定属于自己。

面对挫折让我们想想卧薪尝胆的越王勾践，想想在奥运赛场上倒下又爬起来的运动员，想想从黑暗无声的世界中挣脱的海伦。我们不难发现挫折是完全可以战胜的，所以面对挫折我们要勇于挑战而非一蹶不振。

心情低落是没有用的，如果你觉得从来没有这么糟糕过，那你就对自己说：反正不会有比这更糟的时候了。这时你就会觉得心中豁然开朗很多，你就有了从零开始的勇气。

就算你的人生再糟糕，你的价值也没有被任何人夺走。要相信自己，从头再来，一步一个脚印地走好每一步。

06章

谁的人生没有低潮，有路就好

1.改变环境不如适应环境

改变周围的环境，想必是很多人都有过的梦想。比如，我们会抱怨周围的卫生环境太差了，但是看到遍地的垃圾，自己也会把手里的废纸随手一丢，还会安慰自己说反正已经脏成这样了，也不多一张废纸。也许，大多数人和你抱着同样的想法。但是，如果我们每个人都从改变自己开始来适应环境，卫生环境不就改观了吗？

面对一大片环境，作为个体，我们是无能为力的，但是我们可以改变自己来适应环境。

一只猫头鹰准备搬家到东方去。斑鸠问它："西方是你的老家，你为什么要搬到东方去呢?"猫头鹰回答说:"因为我在西方实在住不下去了，这里的人都讨厌我夜间的叫声。"斑鸠劝道:"你唱歌的声音实在难听，晚上更是影响人们的睡眠，所以大家都讨厌你。要是你改变声音或停止夜间歌唱，不是仍然可以在西方住下去吗?不然的话，即使搬到东方，那里的人也会讨厌你的。"

这则寓言虽属虚构，但给我们以深刻的启示:改变环境不如适应环境，而且适应环境远远比改变环境要容易得多。

成功总是青睐那些认真工作、积极进取的人。如果成天一肚子牢骚委屈，自以为大材小用，不仅没有人同情，还可能会被环境所淘汰。

一般来说，职场中有两种人——改变环境的人和适应环境的人。大多数人都是适应环境的人，就像坚韧的仙人掌，在多么贫瘠的土地上也能够生存。但还有那么一些人，他们就像雨露一样，慢慢地渗透土地，化贫瘠为富饶。

有一个人总是落魄不得志，遂向智者求教。

智者沉思良久，默然舀起一瓢水，问:"这水是什么形状?"这人摇头:"水哪有什么形状?"智者不答，只是把水倒入杯子，这人恍然大悟:"我知道了，水的形状像杯子。"智者摇头，轻轻端起杯子，把水倒入一个盛满沙土的盆，清清的水便一下融入沙土，不见了。

这个人陷入了沉默与思索。过了很久，他说:"我知道了，社会处处像一个规则的容器，人应该像水一样，盛进什么容器就是什么形状。而且，人还极可能在容器中消逝，就像这水一样，消逝得迅速、突然，而且一切无法改变!"

"是这样，"智者拈须，转而又说，"又不是这样!"说毕，智者出门，这人随后。在屋檐下，智者用手指着青石板上的小窝说:"一到雨天，雨水就会从屋檐落下，看这个凹处就是水落下的结果。"

此人大悟："我明白了，人可能被装入规则的容器，但又可以像这小小的水滴，改变着这坚硬的青石板。"

智者说："对，这个窝会变成一个洞！"

生活之中会有各种各样的环境，适应环境是人生来就有的潜能，人之所以为人，也是长期进化的结果。

一位哲学家搭乘一个渔夫的小船过河。行船之际，这位哲学家向渔夫问道："你懂得数学吗？"

渔夫回答："不懂。"

哲学家又问："你懂得物理吗？"

渔夫回答："不懂。"

哲学家再问："你懂得化学吗？"

渔夫回答："不懂。"

哲学家叹道："真遗憾！这样你就等于失去了一半的生命。"

这时水面上刮起了一阵狂风，把小船给掀翻了，渔夫和哲学家都掉进了水里。

渔夫向哲学家喊道："先生，你会游泳吗？"

哲学家回答："不会。"

渔夫非常遗憾地说："那么你就失去整个生命了！"

这是一个伟人给他心爱的女儿所讲的一个故事。它蕴含了一个非常深刻的人生哲理：一个没有学会在人生长河中游泳的人，即使其他的东西学得再多，也无法生存下来，因为他缺乏基本的适应和生存能力。

人是自然与社会的统一体。婴儿出生时只是个自然的生物人。要转化成社会人，就必须经历社会化的过程，人的社会化即个体与社会不断调整适应的过程。正所谓"入海为龙你就行云布雨，上山成虎你就威慑山林"。担任领导应该公正无私，具体经办就要兢兢业业。优胜劣汰，适者生存。学会适应环境，调节心态，这一生就必然会活得充实而精彩！

2.顺境、逆境都能进步

生活是一种态度。每一个人都会有共同的经历，每一个人都会经历挫折和不幸，每一个人也都有获得幸福的机会。生活是现实的，不以你的意志为转移，你可以活得很积极，也可以很悲观。同样是生活，有人整天愁眉不展、唉声叹气，有人却过得精彩无限、有滋有味。你可以决定自己的命运，只要你肯审视自己的态度。

培根曾说过："人若云：我不知，我不能，此事难。当答之曰：学，为，试。"

很多时候我们绝望与否，重要的不是处于顺境或逆境，而是取决于对待顺境或逆境的态度和方法。有的人无论顺境、逆境都能进步，而有的人却是任何时候都在堕落。

逆境时时存在，关键在于你的看法如何。如果你冷静下来想办法，尝试走另一条路，你的成功概率可能会有百分之九十的。如果你急躁不安，绝望了，不敢去面对和挑战，那你的成功概率只有百分之十。所以，这世上只有对处境绝望的人，而没有绝望的处境。

漫漫创业路，如同在茫茫海上航行，有一帆风顺的时候，也有风浪袭头的时候。所以，创业中，总是伴随着困难和挫折，那些能够正确面对困难和挫折的人，成功的大门永远向他敞开；相反，那些面对挫折一蹶不振的人，永远也无法到达胜利的彼岸。

生活中的挫折是考验我们的创业意志是否坚强的一个重要标准，成功历来只青睐那些即使面对绝境也绝不屈服、绝不放弃的人，不喜欢亲近那些遇到点困难就绝望而退缩的胆小鬼。在人生的道路上，没有一个人是没有遇到过困难与挫折的，简单来说，没有困难的人生不是完整的人生。因此，我们不如用微笑来挑战困难吧！

这个世界上，没有爬不上的山，没有过不了的河，再大的困难总有解决的方法。用冷静和乐观的心来面对困难，总能找到一个让你坚持不懈的理由。有时看似处于绝境，但只要你勇敢去面对、挑战它，成功往往就在绝境的拐弯处！

3.失败是走上更高地位的开始

我们谁都不愿意失败，因为失败意味着以前的努力将付诸东流，意味着一次机会的丧失。不过，一生平顺、没遇到失败的人，恐怕是少之又少。很多人都存在谈败色变的心理，然而，若从不同的角度来看，失败其实是一种必要的过程，而且也是一种必要的投资。数学家习惯称失败为"或然率"，科学家则称之为"实验"，如果没有前面一次又一次的"失败"，哪里有后面所谓的"成功"？

全世界著名的快递公司DIL创办人之一的李奇先生，对曾经有过失败经历的员工总是情有独钟。每次李奇在面试即将走进公司的人时，必定会先问对方过去是否有失败的例子，如果对方回答"不曾失败过"，李奇直觉认为对方不是在说谎，就是不愿意冒险尝试挑战。李奇说："失败是人之常情，而且我深信它是成功的一部分，有很多的成功都是由于失败的累积而产生的。"

李奇深信，人不犯点错，就永远不会有机会，从错误中学到的东西，远比在成功中学到的多得多。

另一家被誉为全美最有革新精神的3M公司，也非常赞成并鼓励员工冒险，只要有任何新的创意都可以尝试，即使在尝试后是失败的，每次失败的发生率为60%，3M公司仍视此为员工不断尝试与学习的最佳机会。

3M坚持的理由很简单，失败可以帮助人再思考、再判断与重新修正计划，而且经验显示，通常重新检讨过的意见会比原来的更好。

美国人做过一个有趣的调查，发现所有企业家平均有3次破产的记录。即使是世界顶尖的一流选手，失败的次数毫不比成功的次数"逊色"。例如，著名的全垒打王贝比路斯，同时也是被三振最多的纪录保持人。

其实，失败并不可耻，不失败才是反常，重要的是面对失败的态度，是能反败为胜，还是就此一蹶不振？杰出的人，绝不会因为失败而怀忧丧志，而是回过头来分析、检讨、改正，并从中发掘重生的契机。

沮特·菲力说："失败，是走上更高地位的开始。"许多人之所以获得最后的胜利，只是受惠于他们的屡败屡战。没有遇见过大失败的人，有时反而不知道什么是大胜利。其实，若能把失败当成人生必修的功课，你会发现，大部分的失败都会给你带来一些意想不到的好处呢！

犹太人说，这世界上卖豆子的人应该是最快乐的，因为他们永远不必担心豆子卖不完。

犹太人为什么不怕豆子卖不完？

假如他们的豆子卖不完，可以拿回家去磨成豆浆，再拿出来卖给行人。如果豆浆卖不完，可以制成豆腐，豆腐卖不成，变硬了，就当作豆腐干来卖。而豆腐干卖不出去的话，就把这些豆腐干腌起来，变成腐乳。

还有一种选择是：卖豆人把卖不出去的豆子拿回家，加上水让豆子发芽，几天后就可改卖豆芽。豆芽如卖不动，就让它长大些，变成豆苗。如豆苗还是卖不动，再让它长大些，移植到花盆里，当作盆景来卖。如果盆景卖不出去，那么再把它移植到泥土中去，让它生长。几个月后，它结出了许多新豆子。一颗豆子现在变成了上百颗豆子，想想那是多划算的事！

一颗豆子在遭遇冷落的时候，可以有无数种精彩的选择，一个人更应如此。

人生总免不了要遭遇这样或者那样的失败。确切地说，我们每天都在经受和体验各种失败。有时候，我们甚至会在毫不经意和不知不觉之间与失败不期而遇。面对失败，我们又往往会采取习惯的对待失败的措施和办法——或以紧急救火的方式扑救失败，或以被动补漏的办法延缓失败，或以收拾残局的方法打扫失败，或以引以为戒的思维总结失败……条条道路通罗马。当我们失败时，如果能够静下心来，坦然面对，换一个角度去思考，那么在我们从另一个出口走出去时，就有可能看到另一番天地。

美国著名作家海明威在《老人与海》中，阐述了一个关于人的尊严的道理——"人可以被消灭，但不能被打败！"人的可贵之处在于，无论我们要跌倒多少次，都能从失败的废墟上站起来！站立的人方显得高大，人生也会因此而显得绚丽多彩。作为一个现代人，应具有迎接挑战的心理准备。世界充满了机遇，也充满了风险。要不断提高自我应付挫折的能力，调整自己，增强社会适应力，坚信挫折中蕴含着机遇。

4.只有阴雨天才可以看到自己的脚印

世上没有不可逾越的障碍，关键在于自身有没有战胜困难的勇气和毅力。只要肯用心思考，办法总比问题多。只要下定决心，一切困难都能迎刃而解。

世上无难事，只怕有心人！"没有比脚更长的路，没有比人更高的山"。明白了这一点，再大的困难在你面前都算不上困难；做到了这一点，困难也会为你感动，天地万物都会助你一臂之力。

在生活中，每个人都会遇到各种各样的困难，谁也不可能一帆风顺地走完一生。人，只要活着，就会遭遇挫折。遇到这些困难时，我们该怎么做呢？好多人选择了逃避，因为他们怕困难把自己打倒，所以不肯去面对。但是想想看，逃避，困难就能化解吗？当然是不可能的，逃避只能等着失败来找自己，坚强地去面对或许还可能挽回局面。

困难总是随时随地地找我们，谁也不可能免得了困难的骚扰。但是，很多人不明白，为什么有的人好像一辈子都没有遇到过苦难？其实，不是没有遇到过困难，而是他们总有一颗和困难抗衡的心，心越是坚强，困难也越容易对付，所以他们总是能开开心心地过好每一天，在他们身上看不到烦恼的影子。那些有成就的人，他们一生中遇到的困难更多，这也炼就了他们一颗坚强的心。所以，他们才能在激烈的社会竞争中争得一席之地，才能成就一番事业。

一个小和尚总觉得方丈对自己不公，因为方丈一连让他做了3年谁也不愿意做的行脚僧。

一天清晨，小和尚听着外面滴答滴答的雨声，心说今天总算可以休息一下了。谁知方丈照常敲开他的房门，严厉地问他："你今天不外出化缘？"

　　小和尚不敢说是因为外面下雨，便和方丈打起了禅机。他故意走到床前一大堆破破烂烂的鞋子前面，左挑一双不好，右挑一双也不好。

　　方丈一看就明白了，说："你是不是觉得我对你严厉了点？别人一年都穿不破一双鞋，你却穿烂了这么多的鞋子。而且今天还下着雨……"

　　小和尚点点头。

　　方丈说："那你今天就不用出去了，一会儿雨停了，随我到寺前的路上走走吧。"

　　说也奇怪，不一会儿，雨真的停了。

　　寺前是一座黄土坡，由于刚下过雨，路面泥泞不堪。

　　方丈拍着小和尚的肩膀，说："你是愿意做一天和尚撞一天钟，还是想做一个能光大佛法的名僧？"

　　小和尚说："当然想做名僧。"

　　方丈捻须一笑，接着问："你昨天是否在这条路上走过？"

　　小和尚："当然。"

　　方丈："你能找到自己的脚印吗？"

　　小和尚不解："我每天走的路都是又干又硬的，哪里能找到自己的脚印？"

　　方丈笑笑，说："今天你再在这条路上走一趟，看看能不能找到自己的脚印？"

　　小和尚说："当然能了。"

　　方丈又笑了，不再说话，只是看着小和尚。小和尚愣了一下，随即明白了方丈的苦心。

　　泥泞的路上才有脚印，雨后的天空才有彩虹。痛苦是最好的老师，成长路上的每次磨难，不仅是对一个人最好的考验，也是一种潜在的馈赠。刀靠石磨，人靠事磨，唯有滚水才能唤起茶叶的香，唯有磨砺才能将璞石打磨成宝玉。"没有人能随随便便成功"，现实就是这么残酷，成功不会因为你已经付出许多而青睐你，它只会迎接那些在泥泞的道路上走出来的人。

善静和尚27岁时弃官出家，投奔至乐普山元安禅师门下，元安令他管理寺院的菜园。

有一天，一个僧人认为自己已经修业成功，可以下山云游了，就到元安那里辞行。

元安决心考他一考，便笑着对他说："四面都是山，你往何处去？"

僧人猜不透其中的禅理，无言以对，只好愁眉苦脸地往回走。路上经过寺院的菜园子，被正在锄草的善静发现，善静就问他："师兄为何苦恼？"

僧人就把事情的来龙去脉一五一十地告诉了善静。善静略一思忖，便悟到元安禅师所说的"四面都是山"就是暗指"重重困难""层层障碍"，实际上是想考考这位师兄的信念和决心，可惜他参不透师父的心意。于是，善静笑着对僧人说："竹密岂妨流水过，山高怎阻野云飞。"暗示僧人只要有决心，有毅力，任何高山都无法阻挡。

僧人如获至宝，再次向元安辞行，并说："竹密岂妨流水过，山高怎阻野云飞。"他满以为师父这次肯定会夸奖他，准他下山，谁知元安听后先是一怔，继而眉头一皱，眼睛盯着僧人，肯定地说道："这不是你的答案。是谁帮助你的？"

僧人无奈，只好说是善静说的。

元安对那个僧人说："善静将来一定会有一番作为！多学着点儿吧，他都没有提出下山，你还要下山吗？"

磨难是一个人成长的标志，只有经过历练的人才可以在纷杂的社会里站住脚。每个人一生之中都会遇到很多磨难，只有把磨难当作一种考验才可以让自己越来越坚强，从而活出自己的精彩。痛苦能让一颗脆弱的心变得坚强，能让一个弱不禁风的身体变得强壮。只有经历过痛苦和磨难的人生，才是真正的人生。

总有很多人想逃避磨难，他们以为没有磨难的人生才是一个快乐的人生，才能享受到生活的乐趣。其实恰恰相反，只有经过痛苦和磨难的人才知道什么是真正的快乐，没有苦怎么会尝到甜的滋味，没有烦恼怎么会体会到快乐的生活，没有压力怎么会明白什么是追求，什么是理想呢？现实给予了每个人享受快乐的机会，但是也同时给予了每个人承受痛苦的能力，如果你不去承受痛苦，自己不会明白什么才是真正的生活。

成功不是随随便便一句话就可以达到的，它是要经过磨难来考验的，一个人如果没有承受痛苦和磨难的能力，他又如何掌控成功呢。在人生的路上行走，只有阴雨天才可以看到自己的脚印，只有经历过风雨打击后的人生，才是有意义的人生；否则，即使你得到成功，也不知道该如何去享受它！

山峰再高总有登上去的时候，河水再宽也有跨过去的时候，只要你有一颗坚强的、持之以恒的心。做一个强人，你的生活也将没有困难可言。

5.谢谢你曾经折磨我

你在遭受工作的折磨吗？
你在遭受失恋的折磨吗？
你在遭受病痛的折磨吗？
……

无论我们正在经受什么样的折磨，都应该对折磨我们的那些事儿持一种感谢的态度。因为那是命运给了我们一次战胜自我、升华自我的机会。

滴水之恩，涌泉相报，这是人之常情，然而却很少听说要感谢那些折磨自己事儿的话。但，我们要清楚，折磨你的事儿不一定都是坏事，它也许会让你从中学会面对伤害、重新认识挫折、不停寻找出路、突然醒悟，发现一个全新的自己。

想获得一个不一样的人生，我们就要认清那些折磨过自己的人和事儿。当我们的心化浮躁为平静后，就会认识到，生命中的每件事、每个人，都会给我们一个获得能量、升华自己、向更高更远处前进的机会。

著名作家罗曼·罗兰说："只有把抱怨别人和环境的心情，化为上进的力量，才是成功的保证。"我们每一个人也只有学会感谢那些曾经折磨过自己的人或事，才能看见自己心中的远阔，才能重新认识自己。

每一个人都拥有一个未知的人生，很多事情都是难以预料的。人生在世，免不了要遭受苦难，如不可抗拒的天灾人祸，遭遇乱世或灾荒，患上危及生命的重病，失去朋友、亲人。还有那些发生在生活中的重大挫折，如失恋、婚姻破裂、事业失败等。

人的一生总要经受很多折磨，承受各种苦难。有些人在面对种种折磨时，听天由命，最后平庸地度过一辈子。有些人超越了这一切，最终拥有幸福快乐的一生。

获得不一样的人生并不难，只需要我们换个角度看世界，不用消极的态度看待那些曾经折磨过自己的事儿。这样，折磨过我们的那些事儿，就会是一种促进我们成长的积极因素。

生命要经历一次次蜕变，唯有经历各种各样的折磨，才能增加生命的厚度。一个学会感谢折磨的人，终将成为一个意志坚强的人。也许在别人眼中，苦难、挫折和失败如洪水猛兽，但在他们眼中却自有美好之处，也正是经历了这些，他们的人生才变得与众不同。

在这个世界上，比遭遇折磨还要糟糕的，是从来不曾被人折磨过。因为，当一个人受尽折磨时，他的潜能才会被激发出来，而且，唯有此时，他才能越挫越勇，逼迫自己去突破现状。

然而，现实却是，很多人从来不懂得感谢生命中的那些折磨，他们总是为自己寻找各种理由和借口，稍有困难和危险，他们就会马上退缩，或绕开问题走。

在一个黑漆漆的屋子里，教授带着10个学生过一座独木桥。教授告诉他们，你们什么都不用想，只要跟着我走就行了。这10个人跟在他后面，如履平地似的，稳稳当当地走过了独木桥。

然后，教授将屋里的灯一盏盏全部打开，众人定睛一看，吓得面如土色。原来桥下水池中十几条鳄鱼正来回游着。这时，教授一个人又不慌不忙地走回桥的另一端，对对面的学生说："不要担心，我们已经做好了相应保护措施，很安全。你们再走过来试试？"

众人皆摇头，没有一个人愿意再过去了。

一个学生问："如果我们掉在桥下的网上，把网砸破了怎么办？"

"桥与水池中间的那个铁丝网很结实，即使你们落在上面也不会发生任何意外。"

又有人问："如果鳄鱼跃出水面，将网撕破，我们不就危险了吗？"

"这个你们放心，我们已经做过多次实验，鳄鱼是够不到那张网的。"教授又解释。

学生们你一个问题，我一个问题，教授都一一解决。当他们所担心的所有不确定因素都被教授解答，并确保他们人身安全以后，大家还是顾虑重重，没有人愿冒这个险。

这只是一次实验，对那群学生，我们也不必苛责。然而通过这个实验，我们却可以看清一些人遇到问题时的表现。生活中，很多事情我们是无法逃避的，有些问题和经历我们无法躲避，必须经历。

当经历过那些生命中的挫折和磨难时，我们又该如何看待呢？心态决定命运，同样也决定如何看待那些折磨过我们的事儿。因为人是各种观念的集合体，有什么样的观念，就会得到什么样的人生模式。

没有人能赢得全世界的喜爱，你当然会有敌人，总会有人表现出对你的不满，和你暗暗较劲，甚至背后中伤你。然而，也正是这样的人让你不得不警惕，躲过人生中一个又一个的陷阱，迫使你不断地增长智慧和才干。你应该为你拥有一个强大的敌人而骄傲，你的敌人越强，越说明你很强大。

优胜劣汰是谁也无法逃避的自然法则，公正而又残酷。不可否认的是，这其中总会有很多人被自己的对手打败，甚至葬送了前途。正是为了避免这种可悲的结局，我们才更应该努力强化自己，勇于竞争，这样才能战胜敌人、超越对手。

6.敌人可能是你最好的老师

有人曾这样说过，懂你的敌人可能正是你最好的老师，你可以讨厌他，但必须向他学习。

有时候，仇敌会对你更好些，朋友反倒对你更坏些。从来，只有在和别人的角逐和较量中，我们才会收起所有的懒散和借口，全力以赴地对待别人的挑衅，从而表现出超常规的毅力和智慧，甚至达到自己都难以相信的境界，这些都离不开对手的存在，是我们的敌人让我们发挥出无限的潜能来。

金庸的《神雕侠侣》中有一种叫情花的花，长得很美却有剧毒，想解这种毒，需要一种叫断肠草的植物。巧的是，断肠草就生在情花旁。小说中有一句台词：无论哪种植物，在离它五步之内，必有它的克星。克星就是对手吧，换个词就是敌人！如果，这个世界上有一个比你更了解你、更懂你的人，那么他就有可能是你的对手了。

看看你身边的敌人，往往从他的身上，你能真切感受到自己的水平，认识到自己的缺点和不足。

动物学家对生活在奥兰治河两岸的羚羊产生了浓厚兴趣，他们通过大量的研究发现，尽管河两岸羚羊的生存环境和食物储量都是一样的，但东岸羚羊繁殖能力远远强于西岸的，不仅如此，东岸羚羊的奔跑速度比西岸羚羊每分钟要快13米。

为了解释这一现象，动物学家继续深入研究，结果发现，原来东岸羚羊的附近生活着一个狼群，羚羊为了不被狼吃掉，每天都要全力奔跑逃命，而西岸的羚羊则不存在狼群的威胁，过着悠游自在的日子。

动物学家随机把两岸的羚羊对换，结果放在东岸的西岸羚羊大多数被狼吃掉了，而放在西岸的东岸羚羊非但没死掉，反而繁殖得更好，羊群更壮大。

生活在挪威的渔民为了赚个好价钱，常常费尽周折从深海里捕捞出沙丁鱼，可往往还没等把沙丁鱼运送回海岸，它就已经口吐白沫，奄奄一息了。要知道，死了的沙丁鱼是不值钱的，为此，渔民们想了很多的办法，但都没有成功。

然而，有一条渔船却总能带回活的沙丁鱼上岸，船主为此卖出的价钱要比别人高出几倍。人们百思不得其解，不明白船主究竟用了怎样的方法。

后来，船主慷慨地告诉了人们其中的奥秘。原来，方法很简单，他在沙丁鱼槽里放进了鲇鱼。鲇鱼是沙丁鱼的天敌，当鱼槽里同时放有沙丁鱼和鲇鱼时，鲇鱼出于天性就会不断地追逐沙丁鱼。在鲇鱼的追逐下，沙丁鱼拼命游动，激发了内部的活力，从而才活了下来。

适应天敌，战胜天敌，才能让你不断挑战新的自我，才能让你不断地进步。这个道理适用于所有的生物，号称高等动物的人类也不例外。翻开历史的长卷，细细体味，你将会发现，其实大部分人的聪明才智、光辉成就，乃至不朽英明，都离不开对手的打击和压迫。

你所面对的敌人越强大，你源于内心的压力就会越大，这样你的成长才会越迅速。

孟子这样说："人恒过，然后能改。困于心，衡于虑，而后作，征于色，发于声，而后喻。入则无法家拂士，出则无敌国外患者，国恒亡。然后知生于忧患而死于安乐也。"意思是说，人经常犯错误，然后才能改正；在内心中有困扰，在思想上有阻碍，这样以后才能奋发；一个人憔悴枯槁表现在脸上，吟咏叹息之气发于声音，看到他的脸色，听到他的声音，然后人们才了解他。一个国家在国内如果没有坚持法度的世臣和辅佐君主的贤士，在国外如果没有敌对国家和外患，那么这样的国家常常会灭亡。这样以后人们就会明白，在忧患的环境里可以生存发展，在安乐的条件下会衰亡。

有时候，敌人并不比朋友可怕。因为，朋友往往会出于善意的保护，为你编织了一个又一个的美丽谎言，让你躺在自己的缺点上沾沾自喜，意识不到自己身上存在的缺点和问题。而，敌人会激发出你最大的潜能，让你投入全部的精力去跟他一争高低，也许，正是他的存在才让你变得优秀起来。

7.珍惜苦难带给你的收获

我们应该感谢苦难的光临，珍惜苦难，才能有真正的收获。汶川大地震曾让整个汶川城陷入一片废墟之中，离开的人让我们知道生命是如此脆弱，而活着的人也让我们看到生命还可以如此坚强。胆怯害怕是没有任何意义的情绪，我们只有坚持，坚定地坚持下去，才能重建美好的家园。

是苦难，将心与心的距离拉近，让我们体会到了人间真情，让我们读懂了生命的可贵。

面对苦难，我们应该感激它，感激它赐予我们机会，让我们能够更深刻地领悟人生，发现自己的价值，认清自己的缺点，指正自己的方向。要知道，在这个世界上，每一个人都在经历着只属于自己的苦难，每一个人都恪守着自身独特的苦难历程，用自己的方式活着，守护着属于自己的命运。

世界上没有一条路是重复的，也没有一个人生是可以替代的。在追求梦想的道路上，任何一次苦难都是唯一的，它不会给你致命的打击，只会给你无穷的动力，只要你善于在苦难中找寻收获，在苦难中，找到属于你的方向，而千万别让苦难战胜了你！

在一次在聚会上，艾顿向他的朋友回忆起他的过去，这其中有后来成为英国首相的丘吉尔。艾顿说他出生在一个偏远小镇，父母早逝，是姐姐帮他洗衣服、干家务，辛苦挣钱将他抚育成人。可是当姐姐出嫁后，姐夫便将他撵到舅舅家，舅妈很刻薄，在他读书时，规定每天只能吃一顿饭，还得收拾马厩和剪草坪。刚工作当学徒时，他根本租不起房子，有将近一年多时间是躲在郊外一处废旧的仓库里睡觉……

丘吉尔惊讶地问："以前怎么没听你说过这些呢？"

艾顿笑道："有什么好说的呢？正在受苦或正在摆脱受苦的人，是没有权利诉苦的。"

丘吉尔心头一颤。这位曾经在生活中失意、痛苦了很久的汽车商又说："苦难变成财富是有条件的，这个条件就是，你战胜了苦难并远离苦难，不再受苦。只有在这时，苦难才是你值得骄傲的一笔人生财富。"

艾顿的一席话，使丘吉尔重新修订了他"热爱苦难"的信条。他在自传中这样写道：苦难是财富，还是屈辱？当你战胜了苦难时，它就是你的财富；可当苦难战胜了你时，它就是你的屈辱。

任何人的一生都不可能是一帆风顺的，只有经得起苦难考验的人生才是有价值有意义的人生。在经受苦难的过程中，如果你还没摆脱苦难的纠缠，请别说你正在享受苦难，否则在别人看来，无异在请求廉价的怜悯甚至乞讨，也别说正在苦难中锻炼坚韧的品质，否则别人只会觉得你是在玩精神胜利、自我麻醉！

每一份苦难，都可以是一种收获，可如果你无法战胜它，那么你永远没有权利说你在苦难中收获了什么，这在别人眼里，只不过是你在为自己面对困难时的逃避找的一个借口！善待苦难，正视苦难，只有你拥有了承受苦难的意志，你才有可能真正战胜苦难，享受苦难给你带来的收获。

海顿出生于奥地利南方边境风景秀丽的罗劳村，其音乐天赋在他童年时就已显露出来，加之天生的一副好嗓子，8岁时他就被选进多瑙河畔著名的海茵堡教堂和维也纳的圣斯蒂芬教堂唱诗班。这里，他刻苦学习声乐、钢琴与音乐理论，从不放过每一次观摩学习的机会。

可是从16岁开始，他甜美的歌喉开始逐渐沙哑。有一次奥地利女皇在欣赏圣斯蒂芬教堂唱诗班合唱时，突然听到合唱队里传出不协调的声音，女皇当场讽刺他："你的声音听起来好像树梢上的乌鸦叫！"就因为女皇的这句话，海顿被唱诗班解雇，流落街头。

流落街头的海顿，先后给贵族当过仆人，看过大门，当过邮差，擦过皮鞋……但是穷困的生活并未使海顿对音乐失去信心，他格外珍惜这段难忘的经历，并忘我地投入到各种街头演奏、家庭重奏音乐会中，更加频繁地接触维也纳的音乐，孜孜不倦地埋头创作。

海顿的一生创作作品惊人，其中仅交响曲就多达104部。正是那十几年的流浪生活，使他认识了人间的苦难，听懂了平民的呼唤，参透了大自然最真实的声音。海顿的作品苦难中充满朝气，语言质朴，乐曲流畅，后人尊称他为"交响乐之父"。

如果没有女皇的讽刺，海顿的一生将改写；如果海顿在10多年的流浪生活中，放弃了对梦想的追求，在苦难面前低下了头，那么世界上又将少了一个音乐家。

其实，很多时候，苦难并不可怕，可怕的是你不敢正视它，不敢揭开苦难的面纱。真理和谬论往往就在一瞬之间，每个人都会碰到，只有你自己才能真正地化苦难为动力。就像当你饿的时候，就算身边的人帮你吃再多，你也不可能饱！

珍惜苦难带给你的收获，不要在遭遇苦难的时候吹嘘自己的勇敢，不要以为苦难的收获触手可及，当你真正战胜苦难获得成功的时候，你才是把收获攥在手里。有一颗不怕苦难的心，发现苦难的价值，并伸手去抓住它，你的梦想才会离你越来越近。

Part **4**

世界从不亏欠努力的你

我不敢在家休息，因为我没有存款。

我上班不敢偷懒，因为我没有成就。

我不敢说生活太累，因为我只能靠自己。

——豆瓣励志名言

07章

别等了，
就像没有明天那样去生活

1.浪费自己的时间，等于慢性自杀

回忆一下你的生活：

星期一早晨，你觉得起床对你来说太困难了；

你的洗衣机里已经塞不下你的脏衣服了；

你明知道你染上了一些恶习，例如抽烟、喝酒，而又不愿改掉，你常常跟自己说："我要是愿意的话，肯定可以戒掉。"

老板布置的工作，你觉得可能做不完，或是今天太疲劳了，不如明天早上来了再做，那时可能精神更好；

每当接受新的工作时，你总是感到身体疲惫；

你想做点体力活，如打扫房间、清理门窗、修剪草坪等，可是你却迟迟没有行动，你总有各种各样的原因不去做，诸如工作繁忙、身体很

累、要看电视等；

你曾经由于迟迟不敢表白，而让心爱的女子成了别人的妻子，自己总是暗暗伤怀；

你希望一辈子住在一个地方，你不愿意搬走，新的环境会让你头疼；

总是制订健身计划，可你从不付诸行动，"我该跑步了……，从下周一开始"；

你答应要带你的孩子去公园玩，可是一个月过去了，由于各种原因，你还是没有履行诺言，你的孩子对你已经失望至极；

你很羡慕朋友们去海边旅行，你自己也有能力去，但总是因为这样那样的借口而一拖再拖……

对于喜欢拖延的人来说，常把"或许""希望""但愿"作为心理支撑的系统。而所谓的"希望""但愿"在成功者眼中简直是童话故事，浪费时间的借口俯拾即是。无论你如何"希望"或是"但愿"，很显然，你只不过在为自己的拖延寻找借口罢了。我们常常会听你说：

"我希望问题会得到解决。"

"但愿情况会好一些。"

"或许明天会比较顺利。"

……

事实上，情况会有所好转吗？你依旧在给自己找逃避痛苦的借口罢了。你这是在欺骗自己。不要再煞费苦心地寻找拖延的理由了，要知道，生命对于我们而言总是有限的。

鲁迅说过：浪费别人的时间等于谋财害命，浪费自己的时间等于慢性自杀。

元代陶宗仪写了本名叫《南村辍耕录》的书，书里有个"寒号虫"的故事：

"五台山有鸟，名寒号虫。四足，肉翅，不能飞，其粪即五灵脂。

当盛暑时，文采绚烂，乃自鸣曰：凤凰不如我。比至深冬严寒之际，毛羽脱落，索然如毂雏。遂自鸣曰：得过且过。"

这个小故事后来被改编成了一篇名叫《寒号鸟》的小学课文，我们每一个人都曾经学习过。文章的大意是：寒号鸟的邻居喜鹊好心劝寒号鸟趁着天气暖和赶紧筑窝，寒号鸟却总推辞道："天气这么好，正好睡觉。"当晚上寒风吹来，寒号鸟又冻得直后悔："哆罗罗，哆罗罗，寒风冻死我，明天就垒窝。"最后寒号鸟没能顶过寒冬，被活活冻死，比《南村辍耕录》中的原版故事还要凄惨。

寒号鸟是不是像极了拖延成性的人？他们总是认为自己的时间还很多，经得起折腾，可以无限制地拖延下去……"明天开始"是寒号鸟的口头禅；寒号鸟害怕失败、害怕被别人评判所以极端自卑或自负，自比凤凰更是家常便饭；完美主义流淌在寒号鸟的血液里，寒号鸟信奉"要么不做，要么第一"的做事原则；寒号鸟期待一步登天、鸟瞰全局，做起事来却常常一曝十寒；事后寒号鸟总是充满悔意，并狠狠地责备和惩罚自己；可是一而再、再而三的挫折让寒号鸟最终不得不承认自己"肉翅，不能飞"的现实。最后，寒号鸟沦为"得过且过"之辈，在寒冬里不时发出抱怨的哀号。

有人把人生比作列车，与生活中列车不同的是，它没有返回的可能。时间也一样，如果把时间比作蜡烛，那么走过的时间就是燃掉的烛火，难以回头再燃一次，这是时间的特性。那么，你所能做的是什么呢？肯定不是拖延时间浪费自己宝贵的生命吧。

一个人哇哇坠地的那一时刻，生命的时钟便已敲响，以后的每一分每一秒都将记录着生命的历程。著名的科学家富兰克林说过："你热爱生命吗？那么别浪费时间，因为时间是组成生命的材料。"任何知识都要在时间当中获得，任何工作都要在时间中进行，任何才智都要在时间中显现，任何财富都要在时间中创造。珍惜时间就是在珍惜生命，只有这样，你的生命长河才会散发出光芒。

时间对于不同的人，意味着不同的结果。对商人，时间意味着金钱；对科学家，时间意味着知识与探索；对农民，时间意味着收成与丰收；对于我们个人来说，时间意味着成功与希望。

两次获得诺贝尔奖金的居里夫人，从小就养成了珍惜时间的习惯。在她的青年时期，为了不让煮饭占去学习时间，她经常吃面包，喝冷开水。华罗庚为了珍惜时间，小时候在一家小店当伙计的时候，就一边当学徒，一边抓紧时间自学数学，终于成为名闻中外的大数学家。还有大家熟知的张海迪，身残志坚，即使躺在病床上，还要坚持完成每天的学习任务，以顽强的毅力自学成才，获得哲学硕士学位，创作翻译了不少文学作品……时间让他们的生命闪耀着灿烂的光辉。

古今中外，像他们这样珍惜时间、珍惜生命的名人还有很多。因为他们知道：当时间与生命紧密相连的时侯，时间的价值是无法估量。应当珍惜生命的每一分每一秒，去学习，去创造，去攀登，让有限的生命发挥出无限的价值。

莎士比亚说过："时间的无声的脚步，是不会因为我们有许多事情要处理而稍停片刻的。"两千多年前，孔夫子也曾望"河"兴叹："逝者如斯夫，不舍昼夜。"时间在你洗手的时候，从水盆里过去；在你吃饭的时候，从饭碗里过去；在你默默的时候，时间便从你凝然的双眼前悄然而流失。时间是无法蓄积的，当你伸出双手去遮挽时，它会从你的遮挽着的手边过去，即使你为此而叹息，它也会在你的叹息里闪过。

高效率的人，视时间如生命，每一时刻都充满奋斗的精神，深刻理解时间意味什么；而拖延者，总是在抱怨不公中度过那仅剩的有限日子，在日复一日的拖延中浪费着宝贵的生命。

2.机会只钟情不拖延的人

人们之所以会犹豫，是因为一时之间对某事牵扯的方方面面，难以做出取舍，这个也想要，那个也想要，放弃哪个都舍不得。结果衡量来衡量去，最好的机会已经错过了。

要抓住时机，成就未来，就要敢取敢舍，果断作出选择，积极采取行动。

当我们面对择业时，摆在我们面前的是一家大公司，发展空间大、福利待遇好，但我们开始犹豫了：还有没有更好的公司呢？工资高一点的，培训机会多一点的，最好有出国外派的机会。犹豫来犹豫去，机会就被别人抓去了。

当我们与客户洽谈合作时，客户提出了较为严苛的条件，我们因为不敢拍板、犹豫不决，结果被其他公司的业务员捷足先登，拉走了订单。

当我们面对升职加薪的机会时，因为担心别人比自己强，而迟迟不肯毛遂自荐，结果被别人抢占了先机。

当我们与供应商洽谈时候，因为采购价格发生异议，以为还有更便宜、价格更优的原材料时，其他公司的采购员已经和厂商签订了订购合作。

机会摆在我们面前，而且我们明知道那是机会，却因为思虑太多而犹豫不决，结果机会眼睁睁地溜走，除了一声叹息，它没有给我们留下任何东西。

嘉嘉的上司调走了，公司从总部新派来一位据说能力相当了得的上司。新官上任三把火，这位上司把分公司的员工召集起来，开了一个会。会议的内容很简单，就是自我介绍。上司热情洋溢地作了一番自我介绍后，让员工一一介绍自己。

大家觉得挺新鲜，一般来说，领导上任，只要把自己介绍一番，再由秘书介绍一下下属就可以了，很少有领导直接要下属作自我介绍的。嘉嘉觉得这是领导想了解大家，可能是个机会，于是想尽量表现一下自己。所以轮到她自我介绍的时候，她别出心裁地把自己表现了出来。虽然说得不怎么精彩，但是内容全面、表达流畅，偶尔的"抖包袱"把大家逗得哄堂大笑。上司结结实实地记住了这个会说单口相声的"小女子"。

有的同事因为平时很少作自我介绍，尤其是在领导面前，所以始终犹豫着不知该说什么好，该怎么样表现自己才合适。因为想得太多，轮到自己做介绍时，竟然一时语结，局促不安，有的干脆就一句话——我是谁，在公司做什么。上司想听下文，没有了！

做完介绍没几天，上司来到嘉嘉所在的部门问谁能帮助他做一张进销存报表。制作进销存报表，是嘉嘉这个部门的职工必须掌握的工作内容，也就是说，这个部门的职员都会做。但是当上司提到这个时，大家竟然你看看我，我看看你，没有一个人说话。嘉嘉看着大家，转过头来对上司说："我来做吧！"上司点点头。

一个月后，上司开始合并部门、裁减人员。很幸运的是，嘉嘉留了下来，并提拔为小组长，而那个只做了一句自我介绍，平时又不爱说话的员工被新上司裁掉了。

嘉嘉在上司要大家作自我介绍时，没有犹豫不决，即使相声说得不好，也把自己介绍得一清二楚，结果上司记住了这个活泼开朗的女孩。在上司考察员工的工作能力时，嘉嘉又毫不犹豫地站出来主动请缨，因而得到了上司的信任和器重，而那些在机会面前犹犹豫豫的人，最终被上司遗忘，甚至裁掉了。犹豫是对机会的最大危害，当我们没有足够的能力感知机会时，我们可能不会为失去它而难过和后悔，但当我们知道那是个机会，却因为犹豫不决而错失了良机，我们便会后悔、会痛心疾首。

所以，我们如果能够感知机会、看到机会，就要果断地作出选择，舍弃那些不必要的想法，快速地采取行动。

一般来说，一份良好的行动方案，可以帮助你按部就班地实施工作计划。通常制订一份有意义的工作周计划至少需要半个小时，因为，它需要你仔细地安排各个环节。除此之外，你还要特别注意各个生活方面的平衡问题。许多人一想到"计划"二字就会自然而然地将自己的思维局限在工作上，从而仅仅注意了五天工作日的安排，却忽略了最为重要的双休日。要知道，这两天才是真正属于你自己的时间。

因为一周的时间相对较长，所以在周计划中涉及的日常事务也就比日计划要多出很多。为了避免在制订周计划的过程中出现遗漏，你最好为自己准备一个清单。而且，你还记得制订日计划的理想时间吗？没错！就是前一天临睡之前的一个小时！以此类推，我们当然也需要在前一周就准备好这张周计划的清单。如果你习惯将周一看作一周的开始，那就请你在前一周的周三或周四就把这张小纸条随时带在身边，一旦想到任何与下周的计划相关的事情就马上把它写在清单上。等到正式提笔制订周计划时，你就会发现这张小纸条的大用处了！

此外，如果你打算在接下来的一周中与某个生意伙伴或朋友约会见面的话，当然也需要提前与他们取得联系，确定碰面的时间和地点之后，再把相应的安排写入周计划中。具体来说，如果你习惯在星期天制订周计划，那就要在周四或周五把工作上的约会都确定下来，不要等到周末下笔时才突然发现自己已经没有办法跟对方联系了；而如果你的周计划是星期一的早上在办公室完成的话，就最好在周末跟朋友约定具体的见面时间——这种做法不仅便于你做计划，更能够给对方提供足够的时间去协调他们的日程安排。

3.治疗犹豫的办法就是行动

执行出错带来的危害远不如行事犹豫不决带来的危害大，静止不动的事情比运动中的事物更容易损坏。

世界上有很多人光说不做，总在犹豫；有不少人只做不说，总在耕耘。成功与收获总是光顾有了成功的方法并且付诸行动的人。过分谨慎和粗心大意一样糟糕。如果你希望别人对你有信心，你就必须用令人信赖的方式表现自己。过度慎重而不敢尝试任何新的事物，对你的成就所造成的伤害，就像不经任何考虑就突发执行的后果一样严重。没游过泳的人站在水边，没跳过伞的人站在机舱门口，都是越想越害怕，人处于不利境地时也是这样。

治疗恐惧的办法就是行动，毫不犹豫地去做。再聪明的人，也要有积极的行动。

有一个6岁的小男孩，一天在外面玩耍时，发现了一个鸟巢被风从树上吹掉在地，从里面滚出了一只嗷嗷待哺的小麻雀。小男孩决定把它带回家喂养。当他托着鸟巢走到家门口的时候，他突然想起妈妈不允许他在家里养小动物。于是，他轻轻地把小麻雀放在门口，急忙走进屋去请求妈妈。在他的哀求下妈妈终于破例答应了。小男孩兴奋地跑到门口，不料小麻雀已经不见了，他看见一只黑猫正在意犹未尽地舔着嘴巴。

小男孩为此伤心了很久。但从此他也记住了一个教训：只要是自己认定的事情，绝不可优柔寡断。在人生中，思前想后，犹豫不决固然可以免去一些做错事的可能，但更大的可能是会失去更多成功的机遇。

在四川的偏远地区有两个和尚，其中一个贫穷，一个富裕。

有一天，穷和尚对富和尚说："我想到南海去，您看怎么样？"富和尚说："我多年来就想租条船沿着长江而下，现在还没做到呢，你凭什么去？"穷和尚说："一个饭钵就足够了。"第二年，穷和尚从南海归来，把去南海的事告诉富和尚，富和尚深感惭愧。

穷和尚与富和尚的故事说明了一个简单的道理：说一尺不如行一寸。没有果敢的行动，一切梦想都只能化作泡影。现实是此岸，理想是彼岸，中间隔着湍急的河流，行动则是架在河上的桥梁。

令人筋疲力尽的并不是做事本身，而是思前想后患得患失的心态。一个失败者的最大特征就是顾虑再三，犹豫不决。

伟大的作家雨果说过：最擅长偷时间的小偷就是"迟疑"，它还会偷去你口袋中的"金钱"和"成功"。诚然我们没有100%的把握保证每一次决定都能获得成功，但是现实的情况就是等待不如决断。所以，在机会转瞬即逝的当代社会，等待就意味着"放弃"，成功者宁愿"立即失败"，也不愿犹豫不决。

所以，获得成功的最有力的办法，是排除一切干扰困素迅速作出该怎么做一件事的决定。而且一旦作出决定，就不要再继续犹豫不决，以免决定受到影响。有的时候犹豫就意味着失去。

古罗马有一位哲学家，饱读经书，富有才情，很多女人迷恋他。一天，一个女子来敲他的门，说："让我做你的妻子吧！错过我，你将再也找不到比我更爱你的女人了！"哲学家虽然也很喜欢她，却回答说："让我考虑考虑！"哲学家犹豫了很久，终于下定决心娶那位女子。他来到女人的家中，问女人的父亲："你的女儿呢？请你告诉她，我考虑清楚了，我决定娶她为妻！"女人的父亲冷漠地回答："你来晚了10年，我女儿现在已经是3个孩子的妈了！"

哲学家听了，几乎崩溃，以致忧患成疾。临终时，他将自己所有的著作丢入火堆，只留下一句对人生的批注——下一次，我绝不犹豫！

所以，面对选择，一定要迅速作出决断。因为，机会一旦错过了，是不会再有的。

人生的道路上，许多机会都是转瞬即逝的。机会不会等人，如果犹豫不决，很可能会失去很多成功的机遇。犹豫拖延的人没有必胜的信念，也不会有人信任他们。果断积极的人就不一样，他们是世界的主宰。放眼古今中外，能成大事者都是当机立断之人，他们快速作出决定，并迅速执行。

综观历史，一个人若比别人果断，比别人迅速，较别人敢于冒险。因此，他们能把握更多的机会，往往能成为成功者。一个人如果总是优柔寡断，犹豫不决，或者总在毫无意义地思考自己的选择，一旦有了新的情况就轻易改变自己的决定，往往成就不了任何事，只能羡慕别人的成功，在后悔中度过一生！

4.别让完美主义成为成功的大敌

人的性格是迥异的，有人喜欢拖延，有人当机立断，还有一类人事事追求完美，我们可以称他们为完美主义者。

完美主义者心中有一个不灭的目标——追求完美。这个意念萦绕在他们的心头，促使他们一生中都朝此奋斗不息。但是，他们给完美所下的定义不同于一般人所说的完美，一般的人给完美下的定义是"十全十美"。他们追求确定、精确的"完美",并且他们非常仔细地注意每一事物的细微之处,有时竟达到吹毛求疵的地步。他们的这种态度使得他们在处世时显得十分严谨,他们不愿意轻易地下结论,但选定某个目标时就会十分投入,他们自认为自己的生活与别人不同,他们认为自己的生活至少大致看来是完美的。自己的人格也是无可非议的,因此完美主义者对其他人对自己的评语显得过度的敏感。他们对待这些评语的态度也容易走向两个极端,一是完全放弃,二是神经质似的自我失控。

某家出版社的老板计划出版一本大型统计资料集,由于他相当重视数据部分的视觉设计效果,所以除了编辑人员之外,另外还找来两位设计人员参与编辑工作。因为当时的电脑绘图技术尚未完备,设计人员是以一一描画数据的方式制作完稿的。这样的作业方式相当费工,因此花费了不少时间。

原本这老板认为,所要出版的是最新的资料集,所以就算内容繁杂也无所谓,只要能在6个月内完成就好。但是设计人员为求完美,要求10个月的制作期间。而由于总编辑有过辞典编辑的经验,也希望能制作出最完美无疏漏的作品。

一年后,资料集只完成八成,而他们整理的资料已经有别的出版社将其问市了。此时就算继续完成似乎也没什么意义,结果所投下的金钱和人力全付诸流水。

真正忙碌的人擅于运用机动力,和"真正忙碌的人不会瞎忙"是同样的道理。要想同时活跃于许多舞台,就不能老是回顾已经完成的工作,对于不尽完美之处,应该以乐观的态度等待下次伺机改善。光是烦恼这样不好,那样不对,只会徒增压力,无法为下次的工作机会酝酿充分的干劲。

主张完美主义和天生动作迟缓的人,必须设法借由工作的磨炼慢慢克服自己慢动作的毛病，每日多处理期限性的工作，机动力也就自然会渐渐提高。

许多成功人士的处事原则是工作开始时一定要要求完美，但只要达到一定的水准便应该满足；就算遇到问题，只要能牢记在心，作为下次的参考即可，不需要过度在意。这种"八十分就可以"的心态，也就是让自己熬过漫长艰苦工作的秘诀。

想要在这个充满压力的时代中活得轻松快活一些，试着让自己凡事抱持着尚可的态度是非常重要的。

我们建议大家行事要"力求不拖延"，不必太坚持完美，但如因此产生误解也不好。所谓力求不拖延应该是在执行工作之时，而非最初的计划阶段。如推出何种商品、该采用什么样的销售方式等工作计划，必须尽可能收集完美的信息，一旦开始执行，难免会发生种种状况，即使结果与预期相反也是家常便饭。为了突破这些障碍，事先预设可能会有二十分的误差，也就是"不拖延主义"的态度，是很重要的。

盲目地追求完美并不是好的方法，关键问题是要在保证工作质量的基础上拥有更高的工作效率。一个单子做得再完美，它也不会变成两个，只有想方设法签到更多的单子，工作效率才能提高，工作业绩才能上得去。所以不要在一些不必要的问题上花费太多的心思以追求所谓的完美。作为一名员工，永远要记住一条，那就是：公司追求的是效益，只有获得最大的效益才是最完美的结果。

在工作中，我们不用把事事都做到最好，否则即使不会产生负面效应，对工作的整体评价也不会有太大的好处。把重要的事情解决好，让自己的能力之箭射得又远又准，这样，我们的工作就算已经做得很出色了。

5.借口是拖延的温床

习惯性的拖延者通常也是制造借口与托辞的专家。今天该做的事拖到明天完成，现在该打的电话等到一两个小时后才打，这个月该完成的报表拖到下一月，这个季度该达到的进度要等到下一个季度……这些人每当要付出劳动时，或要作出抉择时，总会为自己找出一些借口来安慰自己，总想让自己轻松些、舒服些。但，不论他们用多少方法来逃避责任，该做的事，还是得做。

唐金是公司里的一位老员工了，以前专门负责跑业务，深得上司的器重。但是有一次，他手里的一笔业务让别人捷足先登抢走了，造成了一定的损失。事后，他很合情合理地解释了失去这笔业务的原因。那是因为他的脚伤发作，比竞争对手迟到半个钟头。以后，每当公司要他出去联系有点棘手的业务时，他总是以他的脚不行，不能胜任这项工作作为借口而推诿。

唐金的一只脚有点轻微的跛，那是一次出差途中出了车祸导致的，但根本不影响他的形象，也不影响他的工作，如果不仔细看，是看不出来的。

第一次，上司比较理解他，原谅了他。唐金好不得意，他知道这是一宗费力不讨好比较难办的业务，他庆幸自己的明智，如果没办好，那多丢面子啊。

但如果有比较好揽的业务时，他又跑到上司面前，说脚不行，要求在业务方面有所照顾。如此种种，他大部分的时间和精力都花在如何寻找更合理的借口上。碰到难办的业务能推就推，好办的差事能争就争。时间一长，他的业务成绩直线下滑，没有完成任务他就怪自己的脚不争气。他现在已习惯以脚为借口迟到、早退，甚至工作餐时，他还喝酒，因为喝点可以让他的脚舒服些。

现在的老板都是很精明的，有谁愿意要这样一个时时刻刻找借口的员工呢？唐金被炒也是情理之事。

同样的道理，如果你是一个老板，如果你也经常找借口，那你的事业如何前进？

许多找借口的人，在享受了借口带来的短暂快乐后，起初有点自责。可是，重复的次数一多，也就变得无所谓了，原本有点良知的心变得越来越麻木不仁。也许，借口所说的原因，正是自己不能成功的真正原因吧。

找借口的一个直接后果就是容易让人养成拖延的坏习惯。

在美国西点军校，有一个广为传诵的优良传统，学员遇到军官问话时，只能有四种答复：

"报告长官，是。"

"报告长官，不是。"

"报告长官，不知道。"

"报告长官，没有任何借口。"

除此以外，不能多说一个字。

"没有任何借口"是美国西点军校两百年来奉行的最主要的行动准则，是西点军校传授给每一位新生的第一个理念。它强化的是每一位学员想尽措施去完成任何一项任务，而不是为没有完成义务去寻找借口，哪怕是看似合理的借口。秉承这一理念，无数西点毕业生在人生的各个范畴取得了非凡成绩。

在现实生涯中，我们缺少的正是那种想尽方法去完成任务的人。在他们身上，体现出一种遵从、老实的态度，一种负责、敬业的精神，一种完美的执行能力。

在工作当中，我们经常能够听到各种各样的借口："那个客户太挑剔了，我无法满足他。""我可以早到的，如果不是下雨。""我没学过。""我没有足够的时间。"其实，在每一个借口的背后，都暗藏着丰盛的潜台词，只是我们不好意思说出来，甚至我们根本就不愿说出来。借口让我们暂时逃避了困难和责任，获得了些许心理的慰藉。

寻找借口的人都是因循守旧的人，这样的人缺少一种创新能力和主动自发工作的才能，因此，期许这样的人在工作中取得发明性的成就是徒劳的。借口会让他们躺在以前的经验、规矩和思维惯性上舒畅地睡大觉。这其实是为自身的才能或经验不足而造成的失误寻找借口，这样做显然是非常不明智的。借口能让人逃避一时，却不可能让人如意一世。

没有谁天生就才能非凡，正确的态度是正视现实，以一种积极的心态去尽力学习、不断进取。

当人们不思进取时会寻找借口。借口给人带来的严重迫害是让人消极颓丧，如果养成了寻找借口的习惯，当遇到困难和挫折时，不是积极地去想措施战胜，而是去找各种各样的借口，其潜台词就是"我不行""我不可能"，这种消极心态剥夺了个人胜利的机遇，最终让人一事无成。

优秀的人从不在工作中寻找任何借口，他们总是努力把每一项工作做到超越客户的预期，最大限度地满足客户提出的请求，而不是寻找各种借口推诿；他们总是杰出地完成上级部署的任务，替上级解决问题；他们总是尽全力配合同事的工作，对同事提出的辅助请求，从不找任何借口推托或延迟。

抛弃找借口的习惯，你就会在工作中学会大量解决问题的技巧，这样，借口就会离你越来越远，而成功就会离你越来越近。

美国科学家格兰特纳说过这样一段话：如果你有系鞋带的能力，你就有上天摘星的机遇。让我们转变对借口的态度，把寻找借口的光阴和精神用到尽力工作中来。因为工作中没有借口，人生中没有借口，失败没有借口，胜利也不属于那些寻找借口的人。

6.无所事事是对生命最大的辜负

"好无聊啊！""真没意思，不知道干什么！"你是不是经常发出这些讯息的主人？在说这些话的时候，你有没有为自己列一个表，有没有做过一道计算题。现在，让数字来告诉你——

假如一个人能活100年，睡眠30年，吃饭10年，穿衣梳洗打扮7年，走路旅游堵车7年，打电话1年半，打电话没人接1年零10个月，看电视4年，上网12年，找东西1年零8个月，购物1年半，年少前成家后又养育孩子5年，闲谈70天，擤鼻涕剪指甲8天，发呆25天，最后剩余时间为10年。10年我们如何过？

你还会嫌弃时间足够充裕不知道做什么用吗？还会在那里感叹无聊吗？每一个不曾起舞的日子，都是对生命的辜负！尼采的这句话道理实在深入人心，令人深思。

岳飞在《满江红》里曾说过："莫等闲，白了少年头，空悲切。"如果你总觉得日子很无聊，只好靠去饭店、网吧、游戏厅、KTV等这些场所来打发，真的应该好好想一想，我们究竟为了什么活着？汪国真说："这是一个古老而又总是富有新意的问题。我不知道别人为什么活着，我活着的目的很简单：不辜负生命。"

什么叫不辜负生命？珍惜时间就是不辜负生命。

一天，生病的达尔文坐在藤椅上晒太阳，面容憔悴，精神不振。一个年轻人路过达尔文的面前。当他知道面前这个衰弱的老人就是写著名的《物种起源》等作品的达尔文时，不禁惊异地问道："达尔文先生，您身体这样衰弱，常常生病，怎么能做出那么多事情呢？"达尔文回答说："我从来不认为半小时是微不足道的很小的一段时间。"

在这个世界上，你真正拥有，而且极度需要的只有时间，时间在生命中是如此重要，而许多人却日复一日花费大量的时间去做无聊的事。

丧失的财富可以通过厉兵秣马、东山再起而赚回；忘掉的知识可以通过卧薪尝胆、勤奋努力而复归；失去的健康可以通过合理的饮食和医疗保健来改善；而唯有我们的时间，流失了就永远不会再回来，无法追寻。

法国著名科普作家凡尔纳每天早上5点钟就会起床，然后一直伏案写到晚上8点。在这15个小时中，他通常只在吃饭时休息片刻。但是他并不会与家人做在一起吃饭，通常都是妻子给他送到他写作的地方，他搓搓酸胀的手，拿起刀叉，以最快的速度填饱肚子，抹抹嘴，就又拿起笔。

他的妻子看他如此辛苦，就非常心疼地问："你写的书已不少了，为什么还抓得那么紧？"凡尔纳笑着说："你记得莎士比亚的名言吗？放弃时间的人，时间也放弃他。哪能不抓紧呢？"

在40多年的写作生涯中，凡尔纳记了上万册笔记，写了104部科幻小说，共有七八百万字，这是一个相当惊人的数字！一些感到惊异的人就悄悄地询问凡尔纳的妻子，想打听凡尔纳取得如此惊人成就的秘诀。凡尔纳的妻子坦然地说："秘密嘛，就是凡尔纳从不放弃时间。"

富兰克林，美国著名的科学家，《独立宣言》的起草人之一。曾经有人问他："您怎么能够做那么多的事情呢？"

富兰克林笑笑说："你看一看我的时间表就知道了。"让我们一起来看看他的时间表吧：

5点起床，规划一天的事务，并自问："我这一天要做好什么事？"

8点至11点，14点至17点，工作。

12点至13点，阅读、吃午饭。

18点至21点，吃晚饭、谈话、娱乐、回顾一天的工作，并自问："我今天做好了什么事？"

朋友劝富兰克林说："天天如此，是不是过于……"

"你热爱生命吗？"富兰克林摆摆手，打断了朋友的谈话，说，"那么，别浪费时间，因为时间是组成生命的材料。"

生命有限，然而，许多人却活得单调乏味，过着俗不可耐的日子。著名的导演兼演员蓝敦在去世前几周接受访问时，曾语重心长地说了这么一段话：活着的时候，最好能记住：死亡即将来到，而我们不知道它降临的确切时间。这能让我们随时保持警觉，提醒我们趁着机会还在，要珍惜每一分、每一秒。

如今，想想十年前的事情，仿佛就发生在昨天，十年一晃就过了，而我们的一生又有几个十年呢？你现在要做的事情很多，前进、荆棘、跌倒、受伤……我们永远不会感到无聊，永远不做一个无所事事混迹生活的人。也许我们不能使时光流逝的脚步放慢，但是我们可以珍惜时间，不辜负这一遭生命。

7.学会时间管理，做时间的主人

人们之所以会浪费时间，就在于他们没有想到自己是时间的主人，没有养成善于利用时间的好习惯。而这种习惯是一个人做人、做事、做学问的根本。但你若没有这一良好的习惯，经常浪费时间，消耗生命，其结果是难以想象的。

一位富翁买了一幢豪华的别墅。从他住进去的那天起，每天下班回来，他总看见有个人从他的花园里扛走一只箱子，装上卡车拉走。

他来不及叫喊，那人就走了。这一天他决定开车去追。那辆卡车走得很慢，最后停在城郊的峡谷旁。

陌生人把箱子卸下来扔进了山谷。富豪下车后，发现山谷里已经堆满了箱子，规格式样都差不多。

他走过去问："刚才我看见你从我家扛走一只箱子，箱子里装的是什么？这一堆箱子又是干什么用的？"

那人打量了他一番，微微一笑说："你家还有许多箱子要运走，你不知道？这些箱子都是你虚度的日子。"

"我虚度的日子？"

"对。你白白浪费掉的时光、虚度的年华。你朝夕盼望美好的时光，但美好时光到来后，你又干了些什么呢？你过来瞧，它们个个完美无缺，根本没有用，不过现在……"

富豪走过来，顺手打开了一个箱子。

箱子里有一条暮秋时节的道路。他的未婚妻踏着落叶慢慢走着。

他打开第二个箱子，里面是一间病房。他的弟弟躺在病床上等他回去。

他打开第三只箱子，原来是他那所老房子。他那条忠实的狗卧在栅栏门口眼巴巴地望着门外，已经等了他两年，骨瘦如柴。

富豪感到心口绞疼起来。陌生人像审判官一样，一动不动地站在一旁。富豪痛苦地说："先生，请你让我取回这三只箱子，我求求您。我有钱，您要多少都行。"

陌生人做了个根本不可能的手势，意思是说："太迟了，已经无法挽回。"说罢，那人和箱子一起消失了。

我们要善于利用每一天的时间，提高人生的效率和质量。时间弥足珍贵，我们不能绝对地延长寿命，但可以通过善用时间的好习惯，来相对地将生命延长。这样就等于增加了生活的"密度"，扩充了有限的生命内涵。要管理好时间，就应做到以下几点。

(1) 必须想方设法掌控好自己的工作时间

当你在有限的工作时间内，将所有预定的工作全部做完而且井井有条，不再觉得有许多忙不完的事，不再觉得工作纷繁复杂，还需要经常加班加点，不再会遗忘某些重要事情，那么，恭喜你，你已经有效地掌控了自己的时间，成了时间的主人。

成功者往往在行动之前先作计划，他们有可能在一个月还未开始之前就已经作好了这个月的一切安排。

一个人只要能作出一天的计划、一个月的计划，并坚持原则按计划行事，那么在时间利用上，他就已经占据了自己都无法想象的优势。

成功者认为，如果今天没有为明天的任何事情作计划，那么明天将无法拥有任何成果！而如果你失去了精力，那么你将没办法把重要的任务做到尽善尽美！

(2) 前天晚上就要做好计划

生命图案就是由每一天拼凑而成的，成功者们往往从这样一个角度来看待每一天的生活，在它来临之际，或是在前一天晚上，把自己如何度过这一天的情形在头脑中过一遍，然后再迎接这一天的到来。有了一天的计划就能将一个人的注意力集中在"现在"。只要能将注意力集中在"现在"，那么未来的大目标就会更加清晰，因为未来是被"现在"创造出来的。

把每天的时间都安排、计划好，这对你的成功是很重要的，这样你可以每时每刻集中精力处理要做的事。把一周、一个月、一年的时间安排好，也是同样重要的。这样做会给你一个整体方向，使你看到自己的宏图，有助于你达到目的。每个月开始，你可坐下来看本月的日历和本月主要任务计划表。然后把这些任务填入日历中，再定出一个计划进度表。

(3) 要保持充沛的精力

许多有巨大潜力的人们都只盯着他们的目标和计划，而不去管其他的小事，因为他们知道精力是需要保持和储蓄的。

快速行动就能全面生存，而旺盛的精力就是你快速行动的基础。

就像杰克·韦尔奇经常说的那样："如果你的速度不是很快，而且不能适应变化，你将很脆弱。这对世界上每一个国家的每一个工商企业的每一个部门都是千真万确的。"

马克·吐温说过："行动的秘诀，就在于把那些庞杂或棘手的任务，分割成一个个简单的小任务，然后从第一个开始下手。"

成功的人，并不能保证做对每一件事情，但是他永远有办法去做对最重要的事情，计划就是一个排列优先顺序的办法。他们都善于规划自己的人生，他们知道自己要实现哪些目标，并且拟订一个详细计划，把所有要做的事都列下来，并按照优先顺序排列，依照优先顺序来做。

当然，有的时候没有办法100%按照计划进行。但是，有了计划，便给一个人提供了做事的优先顺序，让他可以在固定的时间内，完成需要做的事情。

吉姆·罗恩说过："不要轻易开始一天的活动，除非你在头脑里已经将它们一一落实。"

即使是著名的富人，都非常重视自己的每一天的工作计划，因为只要做好了一天的计划，就能发挥自己的最大能力，制造惊奇。计划是为了提供一个按部就班的行动指南：确立可行的目标，拟定计划并订出执行行动，最后确认出你完成目标之后所能得到的回报。

他们总是一件事接着一件事去做，如果一件事没有完成，他是不会考虑去做第二件事的。凡事要有计划，有了计划再行动，成功的概率会大幅度提升。

（4）任何时候都不晚

很多时候，很多人都会抱怨，当自己发现什么是最重要的时候，已经晚了。然而觉得为时已晚的时候，恰恰是最早的时候。

安曼曾经在纽约港务局工作并担任工程师一职，他工作多年后按规定退休。开始的时候，他很是失落。但他很快就高兴起来了，因为他有了一个想法，他想创办一家自己的工程公司。

安曼开始踏踏实实地、一步一个脚印地实施着自己的计划，他设计的建筑遍布世界各地。在退休后的30多年里，他实践着自己在工作中没有机会尝试的大胆和新奇的设计，不停地创造着一个又一个令世人瞩目的经典：埃塞俄比亚首都亚的斯亚贝巴机场，华盛顿杜勒斯机场，伊朗高速公路系统，宾夕法尼亚州匹兹堡市中心建筑群……

这些作品被当作大学建筑系和工程系教科书上常用的范例，也是安曼伟大梦想的见证。86岁的时候，他完成了最后一个作品——当时世界上最长的悬体公路桥——纽约韦拉扎诺海峡桥。

生活中，很多事情都是这样，如果你愿意开始，认清目标，打定主意去做一件事，永远不会晚。

08章

人人是庸才，
人人又都是天才

1.你是独一无二的

成功心理学发现，每个人都具有某项与众不同、独一无二的优势。所以只要认识自己的能力，发挥自己无穷的潜能，取得成功就不是很难了。

安东尼·罗宾本来是一名贫穷潦倒的小伙子，26岁时仍然住在仅10平方米的单身公寓里，洗碗盆也只能在浴缸里洗，生活一团糟，人际关系恶劣，前途十分暗淡。然而，自从他发现内心蕴藏着无限的潜能之后，生活便开始大为改观。如今，他是一位白手起家、事业成功的亿万富翁，是当今最成功的世界级激发心灵潜能专家、成功的创业家及卓越的咨商顾问，他协助职业球队、企业总裁、国家元首激发潜能，渡过各种困境及低潮。他的著作在全世界已有十数种译本，受益的人不计其数。

其实每个人的潜能是无穷的，但是需要你去开发、去利用。不管是工作还是学习，不管是要克服本领恐慌还是战胜本领恐慌，都要开发你的潜能。潜能开发了，本领强大了，自然也就不恐慌了。

在1985年日本筑波国际科技博览会上，一粒极普通的西红柿种子，它长成后，一片叶子可以伸展到14平方米那么大！你可以想象得到吗？14平方米，一片叶子就有这么大，那么这株西红柿的体积是可想而知的。你可以想想它结出的果实有多少，100个？300个？800个？3000个？5000个？……都不是！竟然有13000多个！

用一般方法种西红柿，勤勤恳恳，精心照顾，一颗西红柿的种子结上几十个果实，就足已说明这株西红柿很了不起了！

培育这株西红柿也没有使用什么魔法，仅仅是采用了一种"水耕法"培育而已。

用"水耕法"培育后的西红柿竟能结13000多个果实！听了这个报道的人会说这是天方夜谭。不是的，这是千真万确的事实！

其实，我们每一个人就像一颗发育极不充分的西红柿，都有结一万多个果实的潜能，但是却只开发出了结几个、十几个、几十个果实的能力。

这是我们每一个人的悲剧！我们每一个人都拥有方方面面、形形色色的巨大潜能，但是每个人都不知道去开发、利用，让它永远处在沉睡状态。

所以，著名心理学家詹姆斯说："我们只不过清醒了一半。我们只运用了身体上和精神上的一小部分资源，未开发的地方很多很多，我们有许多能力都被习惯性地糟蹋掉了。"

没有发现自己潜能的人都是还没有清晰地认识自我，"认识自我"这句镌刻在古希腊戴尔菲城那座神庙里唯一的碑铭，犹如一把千年不熄的火炬，表达了人类与生俱来的内在要求和至高无上的思考命题。尼采曾说："聪明的人只要能认识自己，便什么也不会失去。"我们每个人都有无穷无尽的潜能，每个人都有自己独特的个性和长处，每个人都可以选择自己的目标，并通过不懈的努力去争取属于自己的成功。

认识自我，是我们每个人自信的基础与依据。即使你所处的环境不好，遇事总是不顺心，但只要你赖以自信的巨大潜能和独特个性及优势依然存在，你就可以坚信：我能行，我能成功。

一个人在自己的生活经历中，在自己所处的社会境遇中，能否真正认识自我、肯定自我，如何塑造自我形象，如何把握自我发展，如何抉择积极或消极的自我意识，将在很大程度上影响或决定着一个人的前程与命运。换句话说，你可能渺小而平庸，也可能伟大而杰出，这在很大程度上取决于你的自我意识究竟如何，取决于你是否能够拥有真正的自信。请你一定要记住，认识自我，自己就是一座金矿，拥有自信、自主、自爱，你就一定能够在自己的人生中展现出应有的风采。因此认识自我这一过程，同时也是悦纳自我，培养自信心、发掘潜能，最终实现目标的过程。

每个人都有自己的优势和优点，很多时候是你没有挖掘它和很好地培养它。总是以消极的心态埋藏它。我们应当充分地挖掘自己的潜能，唤醒自己的优势，在良好的环境与条件下培养出自己更多的优势和优点。因为成功总是喜欢哪些善于开发自己的人。

最后，在认清自我的前提下，我们开始改正自我、挑战自我。人生路上才能走得踏实、平稳。从总结过去的时间里找回自我，从现实生活中去考验自我，认清你的一切，成功总会伴随着你。

许多人都喜欢把自己同别人相比较，用别人的观点、方式来衡量自己，或满心失落，或沾沾自喜。也许人最重要的还是要和自己比，看到自身的优势之所在，找到适合自己的定位点，坚定、自信地走好自己的路。

如同天底下没有相同的树叶一样，每个人身上都有自己不同于他人的优势，让我们做个聪明人，别光盯着自己的弱点，好好找找自己的优势潜能，并把它发挥出来。

2.钻石就在你的后花园

如果你坚信自己是块宝石，那么你就是一块宝石；如果你坚信自己能成功，那你就一定能成功。

每个向往成功、不甘沉沦的人，都应该牢记苏格拉底的这句话："本来，最优秀的就是你自己，只是你不敢相信自己，才把自己给忽略、给耽误、给丢失了……"

印度河不远的地方住着位波斯人阿里·哈法德，他曾经拥有大片的兰花花园、稻谷良田和繁盛的园林，知足而富有。但是有一天，一位佛教僧侣前来拜访他，向他讲述了钻石的魅力。于是阿里0哈法德开始变得不知足，他变卖掉了农场，把家交给邻居，然后踏上了"美丽"的寻找钻石之路。

但是他踏上的却是一条不归路。历经沧桑的寻找结局是他痛苦万分地站在西班牙塞罗那海湾的岸边，怀揣着那位僧侣激起的庞大财富的诱惑，将自己投入了迎面而来的巨浪中，永沉海底。

不过，几十年后的一天，的继承当哈法德人牵着骆驼到花园里去饮水时，突然发现，在那浅浅的溪底白沙中闪烁着一道奇异的光芒，他伸手下去摸起一块黑石头，石头上有一处闪闪发光，如彩虹般美丽，原来是钻石。继而，他在花园中又发现了许多比第一颗更漂亮更有价值的钻石。

这就是印度戈尔康达钻石矿被发现的经过。

哈法德老人寻找了一辈子的钻石其实就在自家的后花园里。

以这个故事为素材，美国演说家鲁塞·康维尔进行了题为《钻石就在你家后院》的著名演讲，他的演讲曾激励过两代美国人在自己的岗位上勤奋耕耘。

一个世纪后的今天，我们再次聆听戈尔康达钻石矿的发现经过，在抛开其纯粹的偶然性和传奇色彩后，我们依然会被故事背后的深刻寓意所震撼。

康惠尔告诉人们，财富和成功不是仅凭奔走四方发现的，它属于在自己的土地上不断挖掘的人。他的演讲发人深省，很受欢迎，7年后他筹到资金80万美元，终于建起了一所大学，如今他所筹建的高等学府依然矗立在费城，早已闻名于世。

很多时候，我们总是不敢相信自己，总是认为别人比我们要强很多，一件事情要得到别人的肯定才是正确的。其实这又何必呢？你自己本身就是一座金闪闪的金矿！只是你没有发现罢了。

3.敢于尝试，才能发挥优势

事情要先做起来，才能判定自己行或不行。因为太多的事情对社会来说前所未有，对参与者来说从未做过，太快的发展和太多的选择逼着人们要先动起来，做与学同步，顺学做之过程，透视自己的优势，发挥自己的长处，"尝试"作为一种行为方式，一时间几乎成为时代的行为特征，已经很少有人从未体会过"尝试"了，这种方式有助于人顺行动之自然理解自己，在尽力做事的过程中发现自己潜在的独特能力。

巴西是一个多少世纪来一直为男人称霸的世界，随着文明的教化，有些不信邪的女性尝试着做"出头鸟"，用她们自己的行动告诉世人，"女人能行"。玛丽利·加布里埃拉就是其中突出的一位。加比（加布里埃拉）是巴西新闻界才华出众、家喻户晓的女记者，在27年的新闻报道中她成绩卓著，1990年被评为全国杰出女性，荣获政府奖。

加比1948年出生在巴西圣保罗州一个欧洲移民的家庭，她的理想曾是做一名牙科医生，但她刚刚进入医学院就意识到自己走错了路，她改攻心理学，可是经过一段心理学的训练后她仍觉得这不是自己应走的路，结果她弃学，只身来到首都巴西利亚寻求新的出路。她是一个勇于行动、敢于也乐于尝试的人，在首都她又试着学习绘画，还参加了电影创作。19岁那年她获取了巴西《国家报》新闻专业的进修结业证。于是她满怀热情找到巴西《环球》新闻网的董事长马里奥，希望在电视或报界从业，但马里奥对她不屑一顾。吃了闭门羹的加比没有灰心，在一次狂欢节的庆典中，她再次向这位巴西新闻界的巨头提出申请。马里奥终于为这个姑娘的执着所感动，同意她到电视台当一名实习记者。

加比的第一次采访是报道一位巴西普通职业女性的生活，由此，开始了她的电视节目主持人生涯。加比一双蓝蓝的大眼睛，一头蓬松的金发，相貌并不出众，但她思维敏捷、知识渊博、性格开朗、谈吐不俗、平易近人。这一切成为她成功的关键。她主持的《面对面》人物专访成为巴西电视台收视率最高的节目之一。除了电视，加比还做过新闻联播的播音员，主持过《今日妇女》《圣保罗之晨》《奇妙世界》等专题节目。她的嗓音不算优美，但她主持的节目听众最多。她采访的对象遍及各种人物，总统、部长、社会名流、国外政界要人，都上过她的节目，当然更多的还是新闻大众。在今天的巴西，只要打开电视机，就不难见到她的音容笑貌。

加比工作出色，但生活却不尽如人意。几年前，丈夫给她留下两个儿子自己走了，但家庭的不幸没能挫败她的生活志趣，她的时间表里很少有逛商店、去影院的轻松安排。她每天清晨练1小时健美，喝1杯牛奶，然后读书、看报，下午4点进电视摄影棚，直到晚上9点才进家门，她每天都处在一种急忙的状态，但她自己感到自己的生活很有情调，也很有意义。加比说："我虽然很忙、很累，但我热爱这工作，我要把更多、更好、更丰富的电视节目献给我的热心观众。"

加比在选择上不惜尝试，找到了最适合自己的位置，使自己在合适的位置上充分展示了才华。而有时则要在确立目标后，在每一进程中都勇敢地进行尝试，因为目标并不意味着全部，许多事在做之前是心中没底的，自信是在做的过程中一步步树立起来的。

有一位女孩，从16岁就开始徒步旅行，她用两年多时间，途经14个国家，步行16181公里，纵跨非洲大陆，闯入吉尼斯世界奇迹榜。她就是菲奥娜·坎贝尔。在菲奥娜的整个旅途中，最艰苦的日子是在扎伊尔境内。1991年9月，那里政局混乱，她被法国外籍军团空运出境。当她又回来时，她的野外生存训练教练米尔斯陪她日行50公里。但以后的几个月如噩梦一般，她走到哪里都遭到满怀敌意者的攻击，他们向她扔石头，肆意侮辱她、打她。

她在答记者问时说："当地人既仇视又害怕我们，以为我们是人贩子，专吃妇幼的野人，当大大小小的石头落在身上，你唯一的办法是保持原来的速度继续前进，一切都是注定了的，不要抱怨，不要消沉。"不幸的是她和米尔斯在途中得了痢疾，以致他们在热带雨林里整整困了7个月，从早到晚，头发就没干过，衣服也在发霉，身上处处是疮，难以愈合。她指着身上圆锥形脓包对记者说："你光看外表干了，以为已经好了，其实不然，里面还是烂的。"

尽管如此，菲奥娜从未想过放弃。菲奥娜说："当你不知道何去何从的时候，你会感到世界是如此空旷，广漠而令人迷茫。这是一次折磨人的探险。一般只要吃几个月的苦就足够了，这一次却整整持续了两年多时间。所以我必须好好地安排生活。"在这样周游世界的真实跋涉中，菲奥娜的许多想法都在发生根本的转变。她曾因为不得不随着身为皇家海军军官的父亲搬了22次家、转了15次学而怨恨父亲。但在她走完了从悉尼到珀斯的5000公里路程时，也走出了对父亲的怨恨。

现在的菲奥娜已显出超出自己年龄的成熟与自信，她的周游计划没变，但周游的初衷已经变了。她认真地说："我现在明显地变了一个人，虽然我说不出到底哪儿变了，但我肯定是有不少变化。我现在已经看到我需要的一些东西，以前我从未意识到我需要它们——比如家庭。"

一路上她对自己原有的文化背景也禁不住作了深刻的反思："在非洲的有些日子是我一生中最幸福的时光。从那些非洲人中间，我看到一种恬淡与和谐，一种愉悦与温馨，我真想成为他们中的一员。他们拥有真正的快乐与友谊，他们对人的洞察力远比我们强，我们不善于倾听别人讲话，而他们注意你的一举一动，包括你的身体语言。在他们面前，你无法掩饰。"

菲奥娜的行动可能也是许多年轻人的梦想，但她勇敢地将梦一个个赋予了行动。而且她在行动中发现、表达并升华了自己对一个个崭新环境的敏锐的感悟和理解能力。这种超凡脱俗的经历和心路积淀成为她一生的精神宝藏，那些极特殊的环境挫折从不同角度开发了她的潜能，激活了她潜在的耐受力、爆发力、应变力、支配性和独创性。当她阅历了各种文化环境后，她才更知道自己是谁，自己能做什么，才真正懂得了生命的真谛。

"尝试"作为一种行为方式，有助于人顺着行动的自然性理解自己，在尽力做事的过程中发现自己潜在的独特能力。

4.让兴趣催化潜能

狮子再唯我独尊，也不会去同大象比谁的鼻子长；豹子再不可一世，也不会去同鲸鱼比谁的水性好。这是一个并不深奥的道理，那就是，再强悍的人，也不会处处去同别人的强项进行比较。因为对于我们每个人来说，对自己真正有益处的事情并不是不断去发掘自己的缺点、缺陷和不如人之处，继而打击自己，而是要时刻发掘自己的天赋，建立自信和骄傲。

如果我们教乔丹去踢足球，那么我们将失去一位伟大的篮球巨星，如果我们教马拉多纳去打篮球，结果也一样。爱因斯坦做不了音乐家，贝多芬也做不了数学家，天才只属于某一专长的领域，而不可能，也没有必要精通一切。在这个世界上，也并没有全才，所以，一个人有某方面的缺憾绝不代表他整个人生的失败，舟舟正是这样一个生动的例子。在生活中，他可能是个需要人照顾的孩子，可一旦站在台上，他却能指挥全场、挥洒自如。请相信，每个生命都有他存在的理由，每个生命也都有他精彩的一面。

无疑，很多时候，追求完美，渴望成为大众而非异类的心态会令很多人一旦有了某种缺憾，便一心想着去修补、弥补。但是反过来想想，缺憾本身不也是一种美吗？即便不是美，抛开缺陷，你身上总还有美的地方，我们为什么不学会欣赏自己的美，而要苦苦去关注自己的不足呢？其实，只要满怀信心地面对自己、欣赏自己，寻找自己的天赋，运用天赋的力量，向着渴望的目标步步推进，成功早晚将会属于你。

要确定自已的终生奋斗目标，首先要问问你自己的兴趣所在。所谓兴趣，是指一个人力求认识某种事物或爱好某种活动的心理倾向，这种心理倾向是和一定的情感联系着的。

爱因斯坦4岁时，父亲送给他一个指南针。指南针无论怎么摆放，指针总是朝着那个方向。"这里面一定有什么神秘的力量在起作用！"这使他感到了莫大的惊奇，从而激发了他对科学的兴趣。爱因斯坦在自传中追溯自己的科学历程时，专门谈了这件事给他心灵带来的震动。他认为，思维世界的发展在某种意义上是对惊奇的不断摆脱。

古希腊著名哲学家柏拉图说："若把'强制'与'严格'训练少年们孜孜求学的方式，改为引导兴趣为主，他们势必劲力喷涌，欲罢不能。"

邹韬奋也说过："一个人在学校里表面上的成绩，以及较高的名次，都是靠不住的，唯一的要点是他对所学的是否真正喜欢，是否真有浓厚的兴趣。"

经研究发现，几乎90%的人脑细胞具有情感效能。因此，只有在愉快的心情下，学习效果才会最佳，才能把大脑所里藏的学习潜力最大限度地发挥出来。

心理学家皮亚杰指出："所有智力方面的工作都依赖于乐趣。"

有了兴趣，人们就会自觉地从事或追求这件事。兴趣、爱好是一种动力，它使人勤奋，使人坚持不懈地干下去。

然而，很多人会说，他知道从事自己感兴趣的事情是多么愉快，但是就是对自己所做的事情不感兴趣。在这种情况下，他有两种选择，一是彻底地放弃自己正在做的事情，寻找自己真正感兴趣的事，不管有多困难，都要坚持干下去。二是在自己无法从事自己最热衷的工作时，与其怨天尤人，不如在现有的工作中培养自己的兴趣。在勉强自己一段时间之后，也许会在自己完全不感兴趣的工作中，找到工作的乐趣。

刘伟在学校里成绩优秀，但因为家庭生活困难，只好中途辍学。对一个高中未毕业的人来说，要找一个好工作实在是太难了。他虽干了不少的工作，但没有一个是他喜欢的，所以他对这些工作都抱着打临时工的心态，在什么地方都干不长。

就这样5年后，刘伟仍然没有自己的事业。年龄越大，对打杂工一类的低下工作越不感兴趣。即使有人要他去做学徒学个手艺，他也不好意思去了。这时，他父亲帮他找了一个在运输公司开车的工作。他逐渐对这份工作产生了兴趣，比以前做任何工作都认真。同时他也得到了老板的赏识，老板教了他很多运输业方面的知识。后来，老板因体力原因，提前退休，把生意交给了刘伟管理。刘伟居然把运输公司打理得风生水起。

这真是意外的幸运，因为兴趣，刘伟由开车司机变成了运输行业的经理，并将运输公司发扬光大。刘伟这时候才明白，工作兴趣的确是可以培养的，而且他也体会到，以前是因为自己的理想太高，老是觉得有更好的工作机会在前面等着他。可这次，他在现实生活和父亲的逼迫下，不得不勉强自己对工作产生兴趣，而这一心理上的转变，正是他成功的主要原因。

在现实生活中，每个人都有许多的兴趣，为此，要对兴趣进行选择。因为兴趣是一柄双刃剑，很多兴趣不但对成功无益，反而严重地影响自己的生活。例如，对赌博、吸毒兴趣越大，对人的损害也就越大。所以兴趣并不能完全由着自己的性子来，需要意志、志向的控制和引导。

在人生的道路上，我们会碰到各种各样让我们感兴趣的人和事，为此，我们要有敏锐的判断力和坚定的意志，选择那些值得我们去追求的兴趣。让这种积极向上的兴趣促使我们自身各方面的潜能和优势得以极大发挥，从而促使我们奔向人生成功的目标。

5.关注什么，很可能就成为什么

有位记者在乡下遇到一位正在山坡放羊的少年，于是有了下面的对话：

记者：为什么要放羊？

放羊娃：放羊为了卖钱。

记者：为什么要卖钱？

放羊娃：卖钱为了娶媳妇。

记者：为什么要娶媳妇？

放羊娃：娶媳妇为了生个娃。

记者：为什么要生个娃？

放羊娃：生个娃以后好接着放羊啊！

也许看完这个故事大家都会会心一笑，笑这个孩子和他的下一代周而复始的生活。他没有大志向，也没有改变自己生活的想法。

由于放羊娃生活在条件艰苦、信息闭塞的农村，他所关注的主要是放羊，使其变成现实，他的生活也就坠入这样一个循环。俗话说煎饼再大也大不过烙饼的锅，这个孩子生活在那样一个环境，他的想法就大部分都是围绕着放羊。他基本上不会有成为篮球明星去打NBA的想法，更不会有成为电脑专家去研发芯片的理想，因为他每天关注的是哪里草多好放羊，哪天天气不好要去打草。

这个故事说明，你所关注的，在很大程度上就可能变成一种现实。

如果没有人去打扰，放羊娃也许会继续过着他所说的理想中的生活：放羊、卖钱、娶媳妇、生娃、让娃接着放羊。他的这个关注很容易实现，而且也很容易坠入一个循环。但是如果这位记者告诉他，山的外边不再是山，还有更多梦想，那么这个孩子就可能变成另外一个他想变成的人，过上他所希望的另外一种生活。由此可见，意识总是在所要发生的生活之前产生，从而吸引我们关注的生活的到来。

努力从正面的角度看待事情，会吸引你的成功条件，想什么也就真的会得到什么。如：我们渴望财富，就应该把自己的关注点集中在如何获取财富上，心中坚信自己总有一天会成为富翁，并积极地向着这个方向迈进，你就真的可能成为一个富翁。相反，如果你整天想为什么我会这么贫穷，由于你的注意力当中有贫穷，你就真的难以摆脱贫穷了。

人们总是忌讳那些消极的词语，于是就会用积极词语的否定形式来表述不好的事情。比如：身体状况不是很好就说身体"欠佳"，贫穷就说"不够富裕"，失败就说成"失利"。总之，很多时候人们是不愿意把消极词语轻易说出口的，因为消极词语就意味着消极意识，往往会带来不好的吸引效果。人们忌讳祸从口出，所以就不把这些不吉利的字眼讲出来，怕这些话语会带来不好的吸引力，这也是吸引力法则的体现。

在古代，人们似乎就已经感觉到了吸引力法则的效应，所以在说话的时候往往存在很多忌讳，担心乱说会招来灾祸。西方人忌讳数字13，日本人忌讳数字4，都是因为这些数字会让有这样文化传统的人联想到不祥和灾难，而关注这些负面信息在吸引力法则的作用下就容易带来祸患和灾难。所以人们就忌讳这些，避免自己的注意力吸引来不必要的麻烦。

我们希望自己变成什么样子，最终我们就真的会成为那个样子。如果我们愿意，可以很容易让自己的心情变得忧郁，反过来也一样。但重要的是我们应该认识到，如果我们一直按照一种方式重复类似的思考，这种思考不仅仅会在我们的性格上体现出来，而且还会在我们身体的变化上体现出来。

通常情况下，被汽车撞倒或从二层楼上摔下来的部分受伤者是不会当场死亡的。在对死者进行检验时，医生常常会发现受伤或失血的程度并不足以导致死亡，死亡的直接原因是：极度的恐惧感导致神经系统崩溃、心脏休克。

医院里所有的急救程序一般都会建议要先稳定伤者的情绪，减轻他的恐惧——因为这或许是他所面临的最大威胁。

有一个人对玫瑰花非常过敏，哪怕看到图片也会心生恐惧。有一次，别人给他看一张玫瑰花的照片，他立刻就开始不由自主地打喷嚏，好像面前是一朵真花似的。

从上面的例子中我们可以看到：意识可以成就一个人，也可以毁灭一个人。一个渴望变得活力四射的人会比常人更有活力；一个希望自己有勇气的人能变得勇气十足；那些坚信"我一定能行"的人就可能做到他想做到的；而那些想着"我恐怕不行"的人就可能会落在别人身后。在现实中很多事实都证明了这个观点。那么，到底是什么导致了这种差异的发生？没错，就是思想！只有你的思想能做到这些。

一个强有力的思想自然而然就会让我们行动起来，只要你是很认真地在考虑一个问题，你的行动就会自动帮助你完成这件事。

既然知道我们的思想意识会吸引我们未来的生活，那么我们就需要摆正自己的心态，积极地去思考和面对问题，给潜意识输入正面的指令。如果我们追求成功，我们就要在自己的意识中关注成功，忽略一时的失败。吸引力法则会发挥作用吸引你所关注的东西。只要我们把如何成功当作每天必须关注的内容，并且坚持下去，我们的未来就会成功。

6.不懈求知才能赢得胜利

没有人是完美无瑕的，努力找出自己和别人内在人格中的优点，保持这些优点，努力改进其他不足之处，人格的特质就会日臻完善。

求知是积累优势走向成功的第一步。有成就的人往往更爱学习，因为这可以保持他们的优势。

亨利·布莱顿这个大忙人虽然年仅30岁左右，但却已经是美国SERVO公司的总经理，为当前美国顶尖的弹道导弹专家之一。虽然已经身居要职，布莱顿依然勤学不辍，一天辛勤工作完后，晚上他还要上课继续进修学习，他选择的科目是素描。为什么要学素描？布莱顿的回答令人感动："因为素描可以有效地将我的创意，描述给自己领导的技术人员知道。"虽然他已经功成名就，但他不认为这是人生的终点。他还利用晚上的空闲时间学习打字、西班牙语、管理学、演讲术等，凡是对他的经营有帮助的他都学。事实上，他也真的能学以致用，并且都收到了很好的效果。

地球一直在转，时代不断地进步，若想跟上时代，就应该不断努力学习。为什么亨利·布莱顿如此热中于学习呢？因为他了解一个事实——人生非常短暂，每天能让自己思考和学习的时间极为有限。因此，凡是能用来自由思考和学习的时间，他连一分一秒都不愿浪费，并且设法做有效的利用；他希望能在自己的工作上或专业范围内获得绝对的成功。一个真正成功的人，即使每天工作再多再累，他也绝不埋怨，并且还要腾出时间继续进修学习。

的确，唯有努力才能使人成功；但一次成功并非终点，必须为获得下一次成功而再接再厉。从古至今，凡是有大成就者都不肯满足于现状，他们总是不断地为更美好的明天作准备。你不妨利用闲暇的时间去学一些对工作或提升工作效率有益的事。有效地利用目前可供自己自由思考和学习的时间，为将来的成功奠定基础。这是投资，也是保险！不论你从事什么样的职业，工作以外的时间，你都在做些什么？这些时间都是属于你自己的自由时间，但是，你是不是有效地利用了这些时间？有没有在这些时间里做有意义的事？例如，阅读一些与专业知识有关的书，或是思考如何让工作做得更好？你不妨扪心自问一下。

当然，我们不必整天处于紧张状态，为了走更长的路，我们也需要休息，再者，我们绝对不想让自己的生活里只有工作；但很重要的是，时间就是生命，别将宝贵的时间完全浪费在玩乐上。你应该审慎地思考一些有意义的事，就像亨利·布莱顿所说："人类拥有头脑——一个如此神奇的东西，如果把它浪费在一些无聊事上，岂不太可惜了！"如果你想创造更美好的明天，就应该将自己能自由运用的时间，用来做可以提高工作效率或具有实际价值的事。吸收新知，可以帮助你在某些时刻引发深藏在内心深处仅属于自己的原始创意；或许将来某一天，这些创意都成了你的优势，成为你走向成功的有利工具。知识，无论你学了多少，都将累积在你的脑海里，成为你自己的东西，既不会消失，别人也偷不走。

如果没有优势，怎么办？俗话说"勤能补拙"。在学校，我们经常听老师向我们念叨此话。当你走上社会之后，这句话仍有必要谨记在心。

当你走上纷繁复杂的社会之后，首先要认定自己是"巧"还是"拙"。也许你感到自己在茫茫人海中是多么渺小，你原先学到的一点东西也确实是沧海一粟。当然，刚刚走上社会之后，承认自己"拙"的人并不太多，大多数人都认为自己不是天才，至少也是个有用之才！但现实生活中，真正能一步冲天的年轻人真的很少！有的不仅冲不起来，还跌下来摔了跟头。为何如此？一是知识不够，二是能力不足！

其实，对于这两种不足，都可运用一个办法加以补救——"勤"。

一个人的能力，尤其是专业知识、工作规划以及处理问题的能力，都不是三两天就可以培养起来的，但只要"勤"，就能有效地提高自己这方面的能力！所以勤本身就是一种优势资源。

所谓"勤"，就是要勤学，在自己的工作岗位上一刻也不放弃，一个机会也不放弃地学习，不但自己加强学习，同时也向有经验的人请教。别人休息，你在学习。别人去旅行，你去学习。别人一天只有8个小时的工作时间，你则有16个小时，那就等于一天当两天用。这种密集的、不间断的学习效果相当显著。如果你本身的能力已经高于基准的水平线上，加上你的这种"勤"，你很快就会在所处的团体中发出亮光，引人注意！

7.积极主动，成就自我

积极主动地去做事、去把握机会，是一个人心理状态的最佳反映。能主动积极地去做事，表明他的内心是掌握主动权的，是明白自己需要什么，该怎么去做的。而拥有这样状态的人，往往会更容易获得成功。而积极主动也是我们克服胆怯、扭转局势的强有力武器。

两个皮鞋推销员去非洲推销皮鞋。等他们到了那里以后，才发现由于非洲天气炎热，非洲人向来喜欢光脚走路，没有人喜欢穿鞋。第一个推销员看到非洲人都不穿鞋，立即失望起来："这些人都光着脚，他们怎么会买我的皮鞋呢？"于是放弃努力，空手而归，没能完成任务。另一个推销员看到非洲人都光着脚，非常开心，好像发现了新大陆："这些人都没有皮鞋穿，这里的皮鞋市场大得很呢！"于是想方设法，讲述穿皮鞋的好处，引导非洲人购买皮鞋，结果发了大财，凯旋。

从这个故事可以看出，一念之差导致天壤之别，积极主动与消极被动会使人产生截然相反的动机，再配合个人的聪明才智，必将产生两种差别巨大的结果，即主动做事往往成就巨大的成功，而消极对待只会走向失败。

有心理学家曾对1000名创业成功者进行了调查研究，归纳出这些成功者走向成功的几个步骤，即他们都具有积极的心态，能够主动抓住机遇，并一直保持积极的自我意识、自我评价、自我控制以及自我期待。无数成功人士的成功经验表明，被动地等待机会只会被机会抛弃，只有主动争取，才能不断把握住机会，一步步走向成功，进而成为一个强者。

道尼斯是一家进出口公司的职员，他进入这家公司的时间不长，但是晋升速度之快，让周围的人都惊诧不已。一天，道尼斯的一位知心好友怀着强烈的好奇心问他为什么会晋升这么快，道尼斯听后耸耸肩，含笑答道："这个嘛，其实也没有什么特别的原因，只是我做得比别人多点。当我刚开始去杜兰特先生的公司工作时，我就发现，到了下班时间所有人都回家了，只有杜兰特先生依然留在办公室里工作，而且一直待到很晚。另外，我还发现，这段时间内，杜兰特先生经常找一个人帮他把公文包拿来，或是替他做重要的服务。于是，下班后我也不回家，待在办公室内继续工作。虽然没有人要求我留下来，但我认为应该这样做。如果需要，我可以为杜兰特先生提供任何他所需要的帮助。就这样，时间久了，杜兰特先生就养成了呼叫我的习惯，并对我积极主动的工作留下了良好的印象。这就是我晋升的原因。"

　　许多著名的大公司认为，一个优秀的工作者所表现出来的主动性，不仅仅是能够坚持自己的想法或项目，并主动地完成它，还应该主动承担自己工作以外的责任。只有承担更多责任，才能及时捕捉到一些未曾发现的机会，并紧紧把握住。只有积极主动承担责任才会得到更多重用和提拔的机会，而遇事畏缩、凡事等待，从一开始就注定了失败。而我们要了解一个人的内心是否强大，就可以从这些日常的生活工作中、为人处世和做事中看出来。也许你会羡慕有一种人，他们在工作中总是春风满面，同事都喜欢与他接触沟通，领导喜欢与他探讨工作，生活中朋友总是围着他、有事总喜欢与他分享，那么你有没有观察过他们拥有怎样的行为特点呢？下面的故事就能很好地解答这个问题。

　　亨利和莱恩是同时进入公司的工程师，由于他们是新人，所以公司安排他们头6个月早上听课，下午完成工作任务。亨利每天下午都把自己关在办公室里，阅读技术文件，学习一些日后工作中可能用得着的软件程序，埋头苦干。当有同事因手头忙碌请他暂时帮会儿忙时，都被他拒绝了。他认为，自己最关键的任务就是努力提高自己的技术能力，并向同事及老板证明自己的技术能力是如何出色，不能因为别的事情分了心，浪费了时间。

　　而莱恩除了每天下午花3个小时看资料外，就把剩余的时间都花在向同事介绍自己并询问与他们项目有关的一些问题上了。当看到同事们遇到问题或忙不过来时，她就会主动去帮忙。当时，所有办公室的电脑都要安装一种新的软件工具，大家都不愿去干这件事，希望能跳过这种耗时的、琐碎的安装过程，由于莱恩懂得如何安装，她便自愿为所有机器安装这种工具。而且为了不影响大家的正常工作，她每天不得不早出晚归，在非工作时间给大家安装。包括亨利在内的部分同事认为莱恩像傻瓜一样，真是闲着没事干。实际上，莱恩不仅在实践中提高了自己的技术能力，还拓展了人脉，他们的上司也把这些都看在眼里。

6个月后，亨利和莱恩都顺利地完成了工作安排。他们两个的项目从技术上讲完成得都不错，亨利还稍显优势。但是经理却认为莱恩表现得更出色，并在公司高层管理人员会议上表扬了莱恩。亨利听说后，一时想不开，就去经理办公室问经理，为什么受到表扬的是莱恩而不是自己。

经理说："因为我所看到的莱恩是一个有主动性的工程师，善于为别人提供帮助，能够承担自己工作以外的责任，愿意承担一些个人风险为同事和集体做更多的事情。那么你做到了吗？"亨利不禁红了脸，低下了头。

作为一个社会人，我们一定要养成主动做事的习惯，这是锻炼自我、成就自我很不错的方法；同时也是扩展人脉、扩大自己的影响力的方法。只有这样积极主动地做事，我们才能逐渐强大，进而一步一步叩开成功的大门。我们千万不要消极地等待运气，等着天上掉下馅饼来。何况，如果只是一味等待，即使天上能掉下馅饼来，你也抢不到。

我们每一个人都需要在步入社会的第一天就培养自己积极主动的心态，这样才能使自己在以后的生活中始终占据主动地位。那么如何才能逐渐培养自己的积极主动的心态呢？这里有几条简单可行又有效的方法，只要我们坚持实施就一定会见效，那时，你会看到一个不一样的自己，你会在同事和朋友眼中发现一个不一样的自己。

Part **5**

慢慢来，让灵魂跟上来

我们每个人都有自救的力量，
这个力量就来自清醒的自我。
优雅地解开生活中的每个结，
让心灵自由翱翔。
如果你愿意接受生活的礼物。

——畅销书作家，瑜伽、冥想大师迈克·辛格

09章

简单清醒，
努力开启最高版本的自己

1.欲望越多，幸福越浅

人性有这样一个弱点，就是欲望超多。总以为什么东西都是越大越好、越多越好。殊不知结果往往是成反比的：欲望越多，幸福越浅。

为何我们常见平凡打工者脸上洋溢的幸福笑容，却少见住着豪宅、开着宝马之类的成功人士脸上的欢颜。答案是前者容易知足常乐，给自己设置的幸福底线很低；而后者欲望越大，越难知足，身心被欲望的枷锁套住，丢掉了手中原本最为珍贵的东西。

你可以为自己构设一个幸福的场景，当你通过努力达到这个场景时，你真的会满足吗？

人心不足蛇吞象，这个人人皆知的故事，似乎就是诠释幸福的最好版本。

传说古时，有一位村夫看到一条冻僵的龙蛇。村夫就把蛇救活，并放进后山的一个山洞里。因为蛇的到来，山洞口开始长着灵芝和一些奇异花草。但人们知道山洞里有龙蛇，谁也不敢去采这些东西。

皇上听说了这事，就下旨说，谁能采来灵芝，必有重赏。村夫很清贫，他想，自己要是得到这笔财富，那可真是幸福。于是，他就去求蛇。蛇感谢他的救命之恩，就让他采了灵芝送进宫里。村夫得到奖赏，过上了他想要的生活。又过了些日子，皇后的眼睛瞎了，御医说只有龙蛇的眼珠才能治好。皇上就下旨说，谁若弄来龙蛇的眼睛，就让他当大官。

村夫又想，自己现在是比过去幸福多了，但若再当上高官，有钱有势，一定会更幸福。于是，村夫又找到龙蛇。龙蛇忍痛贡献出了自己的一只眼睛，村夫也因此当上高官，再一次满足了自己幸福的心愿。

但没过多久，皇上又下旨让村夫去割龙蛇身上的肉，因为他听说吃了龙蛇的肉，就可以长生不老。为了让村夫早些弄回龙蛇的肉，皇上加封村夫为宰相。村夫得意扬扬，再一次来到山洞口，希望龙蛇能再次满足自己的心愿。但龙蛇什么也没说，而是一张口就把这个刚做上宰相的人给吞进了肚里。

其实在得到财宝之后，对过惯了清贫生活的村夫来说，那真是一步登天，已经是最大的幸福了。但他的贪心却无止境，想要更多的幸福，最后落得被吞进蛇肚里的下场。虽然故事是惩罚了贪心者，但若村夫真取到了蛇肉，他会不会贪恋着长生不老而自己吞下蛇肉去当一个长生不老的皇帝呢？

完全有可能。从这个故事中，不难看出，对于贪心不足的人来说，幸福是没有止境的。幸福被人们捆绑在自己的欲望之上，欲望越多，幸福越浅。

所以，人一旦把个人欲望和幸福联系在一起，那就是和幸福背道而驰了。因为当你千辛万苦达到了自已设定的目标时，你还会有更高的目标，还会让自己继续向更高的目标拼搏，只顾得索取，幸福的感觉早被你抛在一边了。其实到了这分上，已经不是追求幸福了，只不过是自己的欲望无限膨胀而已。

所以，真正聪明的人，是不会舍近求远，去定什么幸福大目标的，他们随遇而安，让心情放松，享受生活，让自己快乐，也让亲人幸福。假如这山望着那山高，终究一无所得。

2.知足常乐，从容豁达

这个世界上有太多美好的事物，我们每个人都不可能得到所有，所以一定要学会知足。

一个晴朗的下午，一位富翁来到海边度假，他看到一个渔夫正在海滩上睡觉。富翁问道："今天天气这么好，正是捕鱼的好时机，你怎么在这里睡觉呢？"渔夫回答说："我给自己定下了任务量：每天捕10公斤鱼。如果是在平时，我基本上需要撒5次网才能完成，不过今天天气不错，我只撒了两次便完成了任务。现在没事了，就在这里睡觉啦！"富翁又问道："那你为什么不趁着好天气多撒几次网呢？"渔夫不解地问道："为什么要多撒几次网？那又有什么用呢？"

富翁说："那样的话，不久之后你便能买一艘大船。"

"然后呢？"渔夫问。

"那你就可以雇更多的人，让他们到深海去捕更多的鱼。"富翁说道。

"那又怎样呢？"渔夫又问。

"到时你手中就有一定的积蓄了，可以办一个鱼类加工厂啊！那时你可以做老板，再也不用辛辛苦苦地出海捕鱼了。"富翁说道。

"那我干什么呢？"渔夫又问。

"那样你就不用再为生活发愁了，可以像我一样来到沙滩晒晒太阳，睡睡觉了。"富翁得意地说。

"不过，我现在不正是在晒太阳睡觉吗？"渔夫反问道。

富翁被问得哑口无言。

人之所以不快乐，就是不知足。假如渔夫真的如富翁所说去做，那么他就会被自己的欲望所奴役，忙忙碌碌地辛劳一生，却不能体会幸福。

其实越想得到得多，就越会失去得多。我们每个人从出生的那一刻起，就注定了会和某些东西失之交臂，感情上的不如意，事业上的不顺心，总是会让我们花费很多精力来寻求平衡，但一个人的能力是有限的，有些东西是我们顾不到的，所以不必苛求那些得不到的东西或办不到的事情。如果过于执着地追求，只能给自己徒添烦恼，得到和失去只在一瞬间，心态才最重要。

所以，每个人都要学会"知足"，很多快乐都建筑在这两个字之上，如果你一辈子都在不停地满足自己一个又一个目标，却没有一丝一毫的幸福可言，那这样的人生又有什么意义呢？

实际上，人类自身的需求是很低的，远远低于欲望。房子再怎么大，也只能住一间；衣服再高贵，身上也只能穿一套；汽车再多，也只能开一辆在街上跑。能够认清楚这一点，那么我们就能够活得更加从容一点，更加豁达一点。更重要的是，我们将会有更多的时间和精力，来进行一些精神层次的追求和享受。

从前有一位年轻人，他总是抱怨自己时运不济，空有一番才华却得不到施展的机会，日子过得也是穷困潦倒。

有一天，他遇到了一位白胡子老人，老人看他眉头紧锁便问道："小伙子，你看起来很不快乐？"年轻人说道："我就不明白，为什么我的日子总也好不起来，这种穷苦的生活什么时候才是头呢？"老人立即反驳他说："穷？你怎么会说自己穷呢？我看你十分富有嘛！"年轻人很不解，问道："此话怎讲？"

老人笑了笑说道："假如我给你1万块钱，来换你的一根手指，你会换吗？"

"不换！"年轻人十分坚决地回答道。

老人继续问："那如果我给你10万块钱，但条件是你的双眼必须失明，你愿意吗？"

"不愿意！"年轻人斩钉截铁地说道。

老人再次问道："那假如现在让你马上变成80岁的样子，给你100万，可以吗？"

"不可以！"年轻人再次断然拒绝。

白胡子老人笑了："你看，你全身上下都是数不尽的财富，你怎么还说自己穷呢？"

年轻人愕然无语，突然间明白了一切。

看完这个故事，相信很多人都会若有所思，其实在我们的身边，像案例中的那个年轻人这样不知足的人不是有很多吗？明明自己已经拥有了很多，却还在抱怨得到的太少，自然也就无法体味生命的乐趣之所在。只要你是一个知足的人，那么你就永远不会贫穷。相反，那些贪婪之人看似拥有万千财富，实际上却是一无所有的人。

快乐，应该是一种平衡而满足的内在感受。若你学会了满足，那么即使身在地狱，也一定能够感受到如天堂般的美好。

3.你在羡慕别人，别人也在羡慕你

曾看到过这样一个小故事：

上帝派天使甲和天使乙在人间巡游，于是两位天使便看到这样有趣的一幕：

一个衣衫褴褛的乞丐看到一个男孩左手拿着面包，右手拿着牛奶，边走边吃。乞丐摸了摸饥肠辘辘的肚皮，咽下一团又一团口水，羡慕地自言自语："哎，能吃饱饭，真幸福呀！"

那位小男孩刚走了几步，就看到一个女孩坐在爸爸的摩托车后座上来到了肯德基，买了一个大号的外带全家桶，开心地啃着汉堡，吸着可乐！小男孩看了看自己手中的面包和牛奶，羡慕地自言自语："唉！能吃这么多美味，真幸福呀！"

啃着汉堡包的小女孩坐在爸爸的摩托车后座上，忽然看到一辆漂亮的黑色小轿车从身旁驶过，绝尘而去！小女孩想："能开这么漂亮的车子，真幸福呀！"

而小轿车里坐着的却是一个逃犯，他正在逃避警察的追捕，可他终究还是被警方逮到了，警察给他戴上了冰凉的手铐，坐在警灯闪烁的警车里。他透过车窗看到一个乞丐在路上漫无目的地走着，于是他羡慕地朝乞丐喊了一声："唉，可以自由自在不受束缚，多幸福呀！"

乞丐听到那人的话，心里一下高兴起来了，原来，自己也是幸福的，以前怎么没有发现啊！于是，他手舞足蹈地一路唱着歌去了。

两位天使回去后，他们向上帝汇报了在人间所见到的这一切，并述说了心中的困惑："为什么乞丐也是幸福的呢？"

上帝微笑着说："人生来就拥有活得幸福的权利，只是一些人没有去主动发现幸福而已。但不管怎么说，选择适合自己的生活方式，能够自由自在的人，最容易获得幸福。"

现代社会里，激烈的全方位竞争、复杂的人际关系、快速的生活节奏，给人们的心理带来了很大的压力，使人们对幸福也茫然起来了，总是把幸福放在别处，而不会从自身去寻找，自然就会觉得幸福难觅。

生活中，左右、羁绊和束缚我们的可能是各种感官和物欲。没有谁的生活是一帆风顺的，多多少少都要受到一些外来条件的束缚。但是，外来的束缚其实是可以通过内心来化解的，主要在于能否找到一种属于自己的生活方式。

曾有这样一位将幸福寄托在儿子身上的父亲。

当年，儿子一心想要学艺术，并且有很高的天赋。但是父亲却说，学艺术的人都是叫花子，他要儿子好好读书，以后能住到城里去，这是他强烈的渴望。自从儿子读书以后，父亲逢人就说，他的儿子学习不错，以后大学毕业了，在城里买房，他们一家就搬到城里去了。城里的生活，想想，该有多美好啊！

儿子一直都很听话，父亲说的他都听，所以成绩一直很好，最后帮父亲实现了这一愿望——他在城里工作了，并且很快拥有了一个属于自己的家。

春节了，儿子说要接父亲到城里去住。那是父亲第一次出远门，坐在车里往窗外看，外面花花绿绿的世界让父亲很兴奋，他就像孩子似的整个晚上都没有睡着，一直都在看外面的世界。

后来住在儿子的家里，父亲越来越不高兴了，感觉一切都无法适应。他不明白，城里人上厕所怎么会在家里；他不明白，城里人吃饭怎么吃得那么少；他晚上睡不着，因为床太软；就连在家吸纸烟，他也不习惯，平时想抽一口旱烟吧，一看儿媳妇那张痛苦的面孔，他就感觉很内疚。更要命的是，他的心里总是闲不下来，总想找点事情做，比如割草，砍柴，放牛，喂猪……他想，这就是自己渴望了大半辈子的生活吗？

终于，在儿子的家中熬过一个月之后，他愁眉苦脸地来到儿子面前，说："你还是让我回家吧！爸希望你以后多存点钱，让爸在乡下养老，这城里的幸福，爸是享受不了了。"

回到了家乡，父亲的脸上又露出了笑容，逢人便说，那城里的生活，真不是人过的，哪有在乡下舒服，自由自在多快活！

人活一辈子都在忙些什么呢？各种回答最后大概都可以归结为追求幸福。其实，仔细想想，不难发现，那些幸福的人，他们都是身心自由的人。贫穷也好，富裕也好，他们都能努力找到一种适合自己的生活方式，然后抛开烦恼，自由自在地活着。

其实，我们没有必要羡慕别人的生活，生活都是一样的，你所看到的别人的生活并不一定就比你的生活幸福。正如叔本华所说："人们很少会想到他们拥有些什么，但是，却常常想到比别人少了些什么。"

4.得失之间，保持一颗平常心

"一失足成千古恨"这是千年古训，无非就是教育人们把握好自己的人生方向，千万不要走上错路，以免让自己后悔。其实，人的一生总要经历许多风风雨雨，总会遇到各种各样的情况。当人们在一些事情上急于求成而又脱离实际时，就会造成一些过失，带来严重的后果，但并非一失足就成千古恨。

战国时期，越王勾践不听大臣范蠡劝谏，坚持要发兵攻打吴国，结果在夫椒一战中大败，并且被押往吴国为吴王养马三年。勾践为当初的鲁莽冲动付出了惨痛的代价，回到越国之后，他卧薪尝胆，立志一定不忘亡国之恨。他励精图治，事必躬亲。同时，一有空闲，就和农民一样到农田里扶犁耕作。他的妻子也亲手纺线织布。在这段时间里，他们生活简朴，不吃有肉的饭菜，不穿华丽的衣服，待人平和，礼贤下士，厚待宾客。最后终于打败了吴国，结束了这场吴越争霸。

一失足未必就成千古恨。只要能够找到失足的原因，尽快调整心态，克服失败给自己心灵残留下的阴影，逐步恢复自信，继而自强不息，仍有成功的可能。

没有谁会注定一帆风顺，也没有人注定一生失足，生活对每个人都是公平的，即使失足了也并不意味着天就要塌下来了。只要你敢于正视失足，它就可以使你学到并深刻体验到许多真知灼见，并使你对此难以忘怀。失足还可以使你认识到自己的能力与局限，了解自己。

所以，不要恐惧失足，它带给你的会比成功带来的更多。

失足是一件让人们痛苦的事情，它令人悲伤。但更痛苦的是失足之后的束手无策，是失足后的不能警醒。对于失足，人们总是习惯于先从客观上找理由，古人经常归咎于上天不公或自己的命运不济，现代人经常归咎于运气不好，但实际上这多半是托词，是借口。一个人的失足最主要的原因应该是自己亲手造成的，或者说绝大多数失足都与自己有关，与自己的个性或失误有关。不是因为自己的性格、心理、意志等方面存在缺陷，就是因为方法不当，措施不力，再不就是因为自己的判断失误或误入歧途。再多的客观因素，也不能使你推卸掉自己身上的责任，最起码是自己没有看清形势或错误地估计了形势造成的。

当你出现失足的情况时，要及时改正，否则失足就永远只是失足，而绝不能转化为成功。失足并不可怕，跌倒了爬起来就是了。但是，怕的就是被失足打倒，失足后一蹶不振，在失足中越发沉沦，一朝被蛇咬，十年怕井绳。

培根是17世纪欧洲一位显要人物。从小就身在贵族家庭中的他曾经担任过英国驻法国大使馆工作人员，还当过律师，并在议会选举中当选为议会议员。在他官运亨通、平步青云、春风得意的时候，他因贪污受贿罪，被监禁于伦敦塔内。出狱后，他又被终生逐出朝廷，不得再担任任何官方职务，不得参与议会。

从此培根开始专心从事著述。他提出了著名的"要命令自然，就要服从自然""知识就是力量"等一系列对后人影响深远的口号，并建立了自己的唯物主义经验论。曾经的失足使培根成为英国唯物主义和整个现代实验科学的真正鼻祖，成为英国17世纪伟大的唯物主义哲学家、世界哲学史和科学史上具有划时代意义的人物。

一时的失足没有什么大不了，我们要走的路还很长，一次失足并不是世界末日，而只不过是一个新的开端，是命运让我们做个新的更好的自己。

失足既可以成为埋葬信心的坟墓，也可以成为"而今迈步从头越"的起点。失足并不代表着永远失败，只是表明成功或许需要变换一下方向；失足也并不意味着你浪费了时间和生命，不过表明你有理由重新开始。

人生总是有得有失，得到了这个，失掉了那个。有的人很贪心，想把一切都攥在手里，失掉了某一样都变得不开心，这就是没有参透得失的本质。

我们在得失之间要有一颗平常心。塞翁失马的故事都听说过，塞翁失去了很多东西，但是唯一不变的就是他快乐的内心，他始终保持着一个平和的心态。

杭州灵隐寺中有一副对联，上联是"人生哪能多如意"，下联是"万事但求半称心"。有的人因为失去了身外之物，就失去了好心情，可谓得不偿失。

在人生的道路上，每个人都在不断地累积着令自己烦恼的东西，包括名誉、地位、财富、亲情、人际关系、健康、知识、事业等。这些东西压得人们喘不过气来，使人们失去了原本应该享受的乐趣，增添许多无谓的烦恼。一旦失去其中一种便会纠结在意，甚至恼火沮丧，要"想办法夺回来"。

其实人生就那么几十年，金钱、地位等都不能一直陪伴我们，人死了之后也什么都带不走，若是焦虑沮丧、患得患失几十年，那就太不值得了。所以人生的本质就是快乐，每天都快乐地活，不是一种最好的活法吗？何必要为了一些身外之物黯然神伤、焦虑不已呢。

5.转换看问题的视角

同样的一件事情，悲观的人只看到不利的一面，乐观的人看到的却是有利的一面，不同心态，呈现出的世界完全不同，呈现出的人生道路也就有了不同。

一位满脸愁容的生意人来到智慧老人的面前。

"先生，我急需您的帮助。虽然我很富有，但人人都对我横眉冷对。生活真像一场充满尔虞我诈的厮杀。"

"那你就停止厮杀呗。"老人回答他。

生意人对这样的告诫感到无所适从，他带着失望离开了老人。在接下来的几个月里，他情绪变得糟糕透了，与身边每一个人争吵斗殴，由此结下了不少冤家。一年以后，他变得心力交瘁，再也无力与人一争长短了。

"哎，先生，现在我不想跟人家斗了。但是，生活还是如此沉重——它真是一副重重的担子呀。"生意人再次求助智慧老人。

"那你就把担子卸掉呗。"老人回答。

生意人对这样的回答很气愤，怒气冲冲地走了。在接下来的又一年当中，他的生意遭遇了挫折，并最终丧失了所有的家当。妻子带着孩子离他而去，他变得一贫如洗，孤立无援，于是他再一次向这位老人讨教。

"先生，我现在已经两手空空，一无所有，生活里只剩下了悲伤。"

"那就不要悲伤呗。"生意人似乎已经预料到会有这样的回答，这一次他既没有失望也没有生气，而是选择待在老人居住的那个山的一个角落。

有一天他突然悲从中来，伤心地号啕大哭起来——几天，几个星期，乃至几个月地流泪。

最后，他的眼泪哭干了。他抬起头，早晨温煦的阳光正普照着大地。他于是又来到了老人那里。

"先生，生活到底是什么呢？"

老人抬头看了看天，微笑着回答道："一觉醒来又是新的一天，你没看见那每日都照常升起的太阳吗？"

生活到底是沉重的？还是轻松的？这全依赖于我们怎么去看待它。生活中会遇到各种烦恼，如果你摆脱不了它，那它就会如影随形地伴随在你左右，生活就成了一副重重的担子。"一觉醒来又是新的一天，太阳不是每日都照常升起吗？"放下烦恼和忧愁，生活原来可以如此简单。

有一少妇投河自尽，被正在河中划船的船夫救起。船夫问："你年纪轻轻，为何自寻短见？"

"我结婚才两年，丈夫就抛弃了我，接着孩子又病死了。您说我活着还有什么意思？"

船夫听了，想了一会儿，说："两年前，你是怎样过日子的？"

少妇说："那时的我自由自在，没有任何烦恼……"

"那时你有丈夫和孩子吗？"

"没有。"

"那么你不过是被命运之船送回到两年前去了。现在你又自由自在，没有任何烦恼了，你还有什么想不开的？请上岸去吧……"

少妇恍如做了一个梦，她揉了揉眼睛，想了想，心中豁然开朗便上岸走了。

我们的痛苦不是问题的本身带来的，而是我们对这些问题的看法而产生的。我们应学会解脱，而解脱的最好方式是面对不同的情况，用不同的思路去多角度地分析问题。因为事物都是多面性的，视角不同，所得的结果就不同。

一个问题就是一个矛盾的存在，而每一个矛盾只要找到合适的节点，都可以把矛盾的双方统一起来。这个节点在不停地变幻，它总是在与那些处在痛苦中的人玩游戏。

转换看问题的视角，就是不能用一种方式去看所有的问题和问题的所有方面。否则，你肯定会钻进一个死胡同，离问题的解决越来越远，处在混乱的矛盾中而不能自拔。

一个对生活极度厌倦的绝望少女，她打算以投湖的方式自杀。在湖边她遇到了一位正在写生的画家，画家专心致志地画着一幅画。少女厌恶极了，她鄙薄地睨了画家一眼，心想：幼稚！那鬼一样狰狞的山有什么好画的！那坟场一样荒废的湖有什么好画的！

画家似乎注意到了少女的存在和情绪。他依然专心致志、神情怡然地画，一会儿，他说："姑娘，来看看画吧。"

她走过去，傲慢地睨视着画家和画家手里的画。突然她被吸引了，竟然将自杀的事忘得一干二净，她真是没发现过世界上还有那样美丽的画面——他将"坟场一样"的湖面画成了天上的宫殿，将"鬼一样狰狞"的山画成了美丽的、长着翅膀的女人，最后将这幅画命名为"生活"。

少女的身体在变轻，在飘浮，她感到自己就是那袅袅婀娜的云……

良久，画家突然挥笔在这幅美丽的画上点了一些麻乱的黑点，似污泥，又像蚊蝇。

少女惊喜地说："星辰和花瓣！"

画家满意地笑了："是啊，美丽的生活是需要我们自己用心发现的呀！"

生活的美与丑，全在我们自己怎么看，如果你将心中的烦恼和阴暗面彻底抛弃，然后选择一种积极的心态，懂得用心去体会生活，就会发现，生活处处都美丽动人。

6.权势只是梦一场

在如今这一时代，拥有势力的人以及拥有权力的人，并非真正拥有某种力量。势力或权力只是存在于人们脑中的幻影罢了。

正因为势力与权力对人们产生了作用，幻影才会挥之不去。拥有权势之人即便是某种特殊的存在，也绝不是特殊的人。有些有权有势之人已经依稀注意到了这一点。真实又知性的人，早已得知有权之人无足轻重。然而，大多数人依旧沉迷于幻影之中。

森林里，狼、熊和狐狸结成联盟，专门对付羊群。

羊群死伤相当严重，老领头羊不堪疲惫，郁闷而死。一头年轻的羊被选为新的领头羊。

年轻的领头羊对群羊说："我们邀请狼、熊、狐狸中一位来做我们的领头吧，我不是这个料。"

消息一出，群羊激愤：这不是把我们往火坑里推吗？

狼、熊、狐狸三巨头兴奋极了，同时也开始暗暗算计：自己一定要争得这个头衔，这是多大的好处啊！以后群羊就是自己的了，想怎么吃就怎么吃。

熊最先下手，趁狼不注意的时候，一爪拍在狼脑袋上，狼死于非命……

狐狸很狡猾，因为它比较轻，它就在猎人挖好的用树枝伪装的陷阱上躺着佯装睡觉。熊悄悄逼近，一下扑上去，却掉到了陷阱里。而狐狸已经早就机警地躲开了。熊也完蛋了……

最后剩下狐狸，它对羊群已经没有了威胁。最后，群羊协作，把狐狸也消灭了。

群羊终于知道：原来权力是个陷阱！

尽管是个陷阱，但是面对权力的种种引诱，人们往往不易割舍，不断有人前仆后继、趋之若鹜。就如《圣经》中的扫罗，在上帝拣选大卫做王的时候，他心生妒忌，不肯放手交权，还要杀掉大卫，最后遭神离弃，结果悲惨。

看过《指环王》系列影片的人都知道，它描写的是关于魔戒的争夺战。我们看到弗洛多在山姆的陪伴下，赶往厄运山的火焰口，试图完成把魔戒投进火焰之洞的任务。因为消灭了魔戒，也就消灭了战争，也就结束了争夺，也就世界太平了。

魔戒象征着至高的权利或者权力，人人都想得到它。这就像现实社会里人们对于权力的贪婪与欲望，无时无刻不在费尽心思争取更多更高的权力，甚至为此可以决一死战。由于人类欲望的驱使，我们发现，越是接近权力核心的人就越脆弱，越容易失常。

"权力快感"说到底是一种"权力欲"，"权力欲"强烈的掌权者很容易突破道德良知的底线，甚至做出违法犯罪的事情。因此，古罗马历史学家塔西佗说："权力欲"是一种最臭名昭著的欲望。英国思想家霍布斯更是对"权力欲"作出了形象的描述："得其一思其二，死而后已，永无休止。"

中国古代权力斗争不断，篡位者为了达到自己的目的，可谓费尽了心机。他们不惜承担"谋逆"的罪名、冒着杀身灭门的危险。此间充满了阴谋与血腥，昨天还是情同手足的亲人，今天却成了不共戴天的死敌。古代中国的宫廷政治史，就是一部骨肉相残、流血丹陛、烛影斧声、兄弟阋墙、弑父屠子、墙茨之丑的历史。

唐太宗密谋发动的玄武门之变，一时血光四溅。倒在血泊中的不仅有他的亲兄弟及众多支持者，还有10个年幼的亲侄儿。武则天在攀登皇位的漫长过程中，遭到了包括自己儿子在内的各种势力的坚决反对。面对来自朝野的各种反对势力，武则天痛下杀手，坚决镇压，就连自己的亲生骨肉也不放过。她先毒死太子李弘，又将太子李贤废为庶人，并逼其自杀。她的孙子李重润、孙女李仙蕙也因童言无忌而被处死。武则天为了满足自己的权利欲，踏着亲人的鲜血攀登权力的顶峰。

皇室内部一次次同室操戈，帝王贵胄一颗颗人头落地，一代代家天下的专制皇权摆不脱魔咒，走不出怪圈，只能不断地复制着一幕幕血溅宫闱的惨剧。人们疯狂地追逐权力，而至高无上的专制皇权又使人们更加疯狂，正所谓"无情最是帝王家"，难怪明朝末代皇帝崇祯在国破家亡时会说"愿生生世世勿生在帝王家"！

权力让人产生一种虚幻的优越感，从而使自己迷失，人们以为有了权力就可以为所欲为，可以满足自己的欲望，像金钱、美女、名车、豪宅等等应有尽有，还可以呼风唤雨、颐指气使。所以，有人为了权力可以不择手段，不惜一切。

但是人们却没有看到，权力的获得往往是以人格的屈辱作为代价的，为了保持心理上的平衡，使自己从心灵上、情感上获得补偿，权力的拥有者会用加倍的专制和冷酷来役使那些意图从自己手中讨取利益的人，从而媚上而傲下使得权力的角逐者永远陷入二重人格的痛苦、矛盾和分裂中。权力，总是可以把善良的心引进罪恶的深渊。

中华民国的首任总统袁世凯，1912年3月促成共和有功，本应是名垂青史的英雄；但权力欲望的极度膨胀，使他1915年12月宣布恢复帝制，建立"中华帝国"，遗臭万年。

历代领袖，虽然拥有许多的权力，却也付出了极大的代价。权力，在你没有拥有的时候也许不重要，一旦拥有，就再也回不了头，这是许许多多"领袖"的致命伤！

"大丈夫能屈能伸"，不要让野心捆绑住自己，学会放弃，你就不会再犯历史上那些领袖人物的致命错误！也就避免了如《指环王》中的生死之战。实际上，我们应该明白，世界上的一切都将过去，就连我们的生命都将过去，所有的权势功名终将化为尘埃。想要获得幸福，只有淡泊名利，以一副淡雅、低调的心态面对名利的纷扰才是做人的最佳姿态。

7.不要预支明天的忧虑

有这样三个有趣的故事：

他是一位年轻有为的外企白领，妻子也有非常不错的工作，来深圳艰苦创业5年后，他由一个外地打工仔成长为一名企业精英，而且还购买了自己的住房。这一切看起来都很不错，但他依旧烦恼重重。是什么事情让他烦恼呢？他说自己总是生活在一种危机感中，不停地思考：将来如果失业了怎么办？企业前景不好该如何？怎样才能使将来有更好的发展？如果以后自己开公司，资金从何而来？等等问题令他坐立不安。

小林是一家餐厅的老板，她一直为生活中的思虑所困扰，以致精神时常处于恍惚之中。她担忧店里的生意不好，她担忧顾客是否满意每一次的服务，她担忧周边餐厅的生意太好抢了自己的生意，她担忧天气不好顾客不来，她也担忧天气太好顾客都外出游玩，使得店里的东西卖不出去。她惶惶不可终日，担忧似乎已经成为一种习惯，让她身心疲惫不堪。小林觉得自己就像找不到归路的迷羊，茫然地四处搜寻，却不知道丢失了什么。

有一个人总觉得自己得了什么不治之症，便跑去看医生。医生问他有什么症状，他说没什么不舒服。医生又问："你最近食欲怎么样？"他说很正常。"那你觉得自己得了癌症的依据是什么？"医生好奇地问道。他说："我听说癌症的初期什么症状都没有，我正是这样啊！"

三个有趣的故事，告诉我们一个道理：烦恼不是别人给的，是自己想得太多。

这个世界上没有任何事情比杞人忧天的烦恼更可怕了。有一句老话说："天要下雨娘要嫁人，随他吧。"既然忧虑无济于事，多想不如不想。

其实，现代人之所以烦恼焦虑，并不是真的遇到了无法解决的事情，而是因为"想得太多"。

因为"想得太多"，我们时常自以为是地担心着原本没有发生的事情，无病呻吟地抱怨着可能根本就不存在的问题，搞到最后，不但自陷绝地，甚至还危害到了自身的身心健康。

俗话说，"忧能伤人，愁能杀人"。许多想得太多的人，因为心思太过沉重，所以很难体会到真正的人生乐趣。因此，当忧愁、担心、哀伤等情绪如蛛网般缠上心头时，请不要容它侵蚀你的心。如果你总是将一些没必要担忧的事，一遍又一遍地在脑中思来想去，就会像不断被拉扯的弹簧一样，终有一天会被扯断。

有一个年轻人，跑去向智者倾诉烦恼。年轻人说了很多，可智者总是笑而不答。等年轻人说完了，智者才说："我来给你挠一下痒吧。"年轻人不解地问："您不给我解答烦恼，却要给我挠痒，我的烦恼与挠痒有什么关系呢？何况我并不需要挠痒！"

智者说："有关系，并且关系大着呢！"年轻人无奈，只好掀开背上的衣服，让智者给自己挠痒。智者只是随便在年轻人的身上挠了一下，便再也不理他了。年轻人突然觉得自己背上有一个地方痒得难受，便对智者说："您再给我挠一下吧。"

智者于是又在年轻人的背上挠了一下。可是，年轻人觉得这里刚挠完，那里又痒了起来，便求智者再给自己挠一下。就这样，在年轻人的要求下，智者给年轻人挠了一上午的痒。

年轻人走的时候，智者问："你还觉得烦恼吗？"整整一上午，年轻人都在缠着智者给自己挠痒，居然将所有烦恼的事情都给忘记了。于是，他摇了摇头说："不烦恼了。"智者这才点头笑着说："其实，烦恼就像挠痒，你本来是不觉得痒的，但是如果你闲来无事，去挠了一下，便痒了起来，并且越挠越痒。烦恼也是一样，本来你不觉得烦恼，只是你闲来无事时，去想了一些令自己烦恼的事，你便开始烦恼了起来，并且越想越烦。"

年轻人似有所悟。智者接着说："烦恼最喜欢去找那些闲着没事的人，一个整天忙碌着的人，是没有时间去烦恼的！"

不知道大家有没有留意过，久别的朋友见面，大多会彼此在一起抱怨自己活得多累，每天忙忙碌碌却不知道自己到底在做什么，有时特别想找一个没有人的地方大哭一场，家庭的重担、工作的压力、人际的复杂，如大山般压在心头，让人喘不过气来，而唯一一点属于自己的时间，却都用来为明天的前途忧虑。

这些抱怨者，大多都是一些事业有成、有车有房、家庭美满的人，别人羡慕他们都还来不及呢。而他们之所以活得不幸福，究其原因就是患上了"心灵担忧症"，而对付这种"病"的办法只有一个，那就是：不要想得太多。

我们都有过这样的经历：白天若是想得太多，一天的工作生活就无法正常进行，甚至还会频频出错；晚上若是想得太多，常常是夜不能寐，就算勉强入睡，第二天起来也是昏昏沉沉。其实，转念一想，就算事情真的发生了，想得再多又有什么用呢？

一个年轻人到了服兵役的年龄，被分配到了最艰苦的兵种——海军陆战队。年轻人为此非常忧虑，几乎到了茶不思、饭不想的地步。年轻人有个深具智慧的老祖父，他见到孙子整天都是这副模样，便寻思着要好好地开导他。

这天，老祖父对这位年轻人说："孙子，其实这没有什么可忧虑的。就算是当了海军陆战队，但到部队里，还是有两个机会，一个是内勤职务，另一个是外勤职务。你有可能被分发到内勤单位，这就没什么好忧虑的了！"

年轻人却并不是这么乐观，还是忧心地问道："那如果我被分发到外勤单位呢？"

老祖父："那还有两个机会，一个是可以留在本岛，另一个是被分发到外岛。你如果被分发在本岛的话，那也没什么可忧虑的呀！"

年轻人又问："那如果我不幸被分发到外岛呢？"

老祖父说："那不是还有两个机会吗，一个是待在后方，另一个是被分发到最前线。如果你是留在外岛的后方单位，也是很好的，也不用忧虑啊。"

年轻人再问："那如果我被分发到前线呢？"老祖父说："那还是有两个机会，一个是只站站岗卫，平安退伍，另一个是会遇上意外事故。如果你只是站站岗，依然能够平安退伍，这也没什么可忧虑的！"

年轻人仍然问道："那么，如果是遇上意外事故呢？"

老祖父说："那还是有两个机会，一个是受轻伤，可能把你送回本岛，另一个是受了重伤，无法救治。如果你只是受了轻伤，被送回本岛，也不用忧虑呀！"

年轻人最为恐惧的就是这，他颤声地问道："那……如果是非常不幸是后者呢？"

老祖父大笑起来，然后说道："若是遇上那种情况，你人都死了，更是没有什么可忧虑的！忧虑的倒该是我了，那白发人送黑发人的痛苦场面，可并不好玩哟！"

生活不可能像心目中所期望的那样美好，它有酸甜苦辣，它有悲情苦楚，也有许多的忧虑。忧虑来源于生活，来源于对未知世界的不了解，也来源于自身的担忧和顾虑。许多烦恼本不存在，如果无聊多想，任何情况都可能造成你的忧虑。

个人的力量是渺小的，谁都无法与宿命抗衡，谁都改变不了既定的事实。我们倒不如顺其自然，静观其变，并做好自己能做到的事情，只要无愧于心，此生就已无憾了。

10章

你原本就可以
过上更好的生活

1.像孩子一样思考

几乎一切伟人都用敬佩的眼光看孩子。孟子说："大人者，不失其赤子之心者也。"帕斯卡尔说："智慧把我们带回到童年。"在伟人的眼中，孩子的心智尚未被岁月扭曲，保存着最宝贵的品质，值得大人们学习。

其实每个人在童年时都是快乐的，越大烦恼就越多。很多成年人抱怨生活得实在太累，太不容易！既要揣摩别人的脸色，又不能被别人揣摩出你的脸色，即使不喜欢这种虚假的生活，还要无奈地坚持。在这纷繁复杂的世界，我们需要停下来，留下片刻的时间学着做个孩子，像孩子一样思考，滤过事物外部的纷杂；像孩子一样看问题，看到事物单纯的本质。你会发现，世界总如阳光般明澈，原来棘手的问题是如此简单。

有一个匈牙利木材商的儿子，很多人都觉得他笨，有一天他做了一个梦，梦见自己写的小说被诺贝尔看中了，他为了不被人嘲笑，只是告诉了妈妈，妈妈高兴地告诉他上帝选中了他。他信以为真了。从此他真的喜欢上了写作。后来他因是犹太人，被送进集中营，那儿每天都有人精神崩溃，而他靠着信念活了下来。"我又可以从事我梦想的职业了！"他怀着这种心情走出集中营。1965年他写出第一部作品，2002年，瑞典皇家文学院宣布将诺贝尔文学奖授予他——凯尔泰斯·伊姆雷。"我只知道，当你喜欢做这件事，多少困难你都不在乎时，上帝就会抽出身帮助你。"他说。

像孩子一样执着地追求使他成功了。很多时候我们需要有孩子那种单纯的执着。当孩子看到一颗10克拉钻石和一个玻璃球时，孩子不会挑钻石，因为孩子认为玻璃球更好玩，仅此而已。罗纳尔迪尼奥，家喻户晓吧，但在他的思想中，足球是好玩的，仅此而已。带着这孩童般的理解，他将足球演绎成了艺术。他就像孩子一样去思考踢足球这件事，不去理会他人的说法，他玩他的。

爱默生说："任何事物都不及伟大那样简单，事实上，能够简单便是伟大。"孩童简单地思考是原始的思考，那超乎天地境界的思考也必定是简单的。简单便升华成了一种深刻。学会像孩子一样思考，那种想法是那么简单，那么纯净，同时也是那么伟大。

联合国前秘书长安南在庄园里举行为非洲贫困儿童募捐的慈善晚宴，应邀参加的都是富商和社会名流。

"欢迎你们，除了工作人员，没有请柬的人不能进去。再说，这种场合也不适合你们进去，应邀参加的都是很重要的人士。"小露西被庄园入口处的保安拦住了。"叔叔，慈善不是钱，是心，对吗?"人们都对这个真正充满爱心的小女孩报以热烈的掌声。

与大人相比，孩子知识相对缺乏，但是他们富于好奇心、感受力和想象力，这些正是最宝贵的智力品质，因此能够不受习惯的支配，用全新的眼光看世界;与大人相比，孩子阅历缺乏，但是他们诚实、坦荡、率性，这些正是最宝贵的心灵品质，因此能够不受功利的支配，做事只凭真兴趣。

很多时候人们总会感觉到时间不停地流逝，生活不再充满激情，青春不再。曾经感动过你的一切不能再感动你，吸引过你的一切不能再吸引你，甚至激怒过你的一切也不再激怒你。你觉得生命平淡，心里苦恼，心里再也不能像孩子一样发现生活的美了。

傍晚，在一辆公交车上，下班的人在劳累了一天后都无精打采。突然，一个孩子的声音打破了车厢的沉闷，是一位年轻的母亲带着的小女孩，她在惊呼:"妈妈快看啊，月亮!"那是一轮金黄金黄的月亮，刚刚从建筑物群的间隙中露出了整个脸盘儿，它还没来得及发光，那么大，那么圆，仿佛离得很近。小姑娘望着夜空，完全沉浸在快乐中。

是啊，长大后多长时间没有像那个小姑娘一样为自然的美景惊喜了呢?很多时候，需要改变的不是世界，不是环境，而是一个人的心态。

一个母亲和他的孩子在大街上走着。突然，这个男孩对他的妈妈说:"我听见一只蟋蟀在叫!你听到了吗?"他妈妈仔细地听了听后回答道:"没有!你一定是听错了!""不，我真的听到一只蟋蟀在叫。真的!我肯定!""现在到处是熙熙攘攘的人群，吵闹声，汽车喇叭声，

出租车尖叫声……你怎么可能在这里听到一只蟋蟀在叫！""我肯定我
听到了。"男孩一边回答，一边屏气凝神地搜寻着声音的来源。他们走
过一个街的拐角，再穿过一条街道，然后四处寻找。最后那个小男孩真
的在一个小角落里发现了一只蟋蟀。

一颗童心即使在喧闹的大街上也能听到自己想要的声音，留住童心
有时就留住了一个好的心态。当你的耳朵听惯了金钱的撞击声，听惯了
上级的命令声，听惯了下级的恭维声，那么它对生活本身所隐藏着的那
些美妙声音的感受力就变得无比迟钝了；当你戴上了有色眼镜，看到的
是满眼的灰色，那么生活中那美丽的彩虹怎么都无法进入我们的视线之
内。其实生活不是没有激情，青春不是已经流逝，而是你的心已经老
了，不再有发现美的能力。如果一个人没有一点童心，那么他的生活一
定充满了抱怨，对生活充满了苛求。

2.有爱好是多么幸运的事

匆忙中，很多人渐渐丢掉了曾经固守的最为保贵的爱好。这样的例
子数不胜数。曾有人如此感叹：刚毕业的时候还在周末参加摄影采风，
或者听个音乐讲座，为了自己的爱好。但现在一问起，答案惊人的一
致："现在哪有时间啊？"这样的现象让人心疼却无奈。

孟小五毕业于沈阳建筑大学，从大一开始，他就对镜头感兴趣，闲
暇时候就用自己那部胶片式照相机去拍些商业楼盘。大二的时候，孟小
五的父亲给他买了一部小数码相机，因为方便携带，他也是走到哪儿拍

到哪儿。

大学毕业后，他没直接找工作，闲暇时间多，他成为很多摄影论坛里的一员，论坛里有什么活动，他都踊跃参加。因为所学专业的原因，他毕业后的第一份工作是给建筑行业做动画，当时第一个月工资开了2000元，发工资的第二天，他就额外添800元，花2800元买了一个镜头。为了自己的爱好，他每月都甘愿成为"月光族"。

2009年，孟小五在摄影论坛里结识了他人生中最重要的两个朋友，一个也是摄影师，另一个是化妆师，共同的爱好和对摄影的相似理念，让他们走到一起。很快，三个人一拍即合，合作开了一家以"时光"命名的照相馆。

他们的第一桶金是给一个楼盘拍商业片赚到的，当客户非常满意地挑出了50张选用片后，他们一天下来赚了15000元，看着挣来的辛苦钱，他们都激动得哭了。随后，他们的生意也渐渐好起来，尽管事业刚起步，挣来的钱很快又投进到照相馆的发展中去，但是孟小五非常兴奋地说："以玩养玩，我很满足。"

为了自己的爱好，孟小五这个80后小老板终于尝到了在爱好中工作的喜悦与幸福。但现实中，能够为自己爱好工作的毕竟是少数，那些无法选择在爱好中工作的人，并不意味着从此与爱好绝缘。相反，为爱好留一片天地，于工作于生活，都是重要的补充。

爱好是一种乐趣，一种情调。爱好能丰富人的精神世界，拓宽生命的边界。正因为有了多种多样的爱好，人生才能丰富多彩。爱好可以引导一个人寻觅和发现人生与社会之中许多未知和美好，甚至成为人生的导游。在由爱好搭建起的生活空间里，我们可以自得其乐，尽情发挥。

有研究表明，只有那些有爱好的人才值得交往，因为这样的人有热情、有情趣，而且对事专心和执着。一个人如果拥有一个长期的爱好，不仅对个人来说是心灵的寄托，而且也是朋友间联系的纽带。

爱好绝不只是因为闲得无聊，借以打发时间，它与生活质量以至于生活格调、人生境界都有关系。无论你所从事的工作与你的爱好是否一致，爱好总是一种抚慰在等待着你，你心中始终存有期盼和热爱，生活就会变得有滋有味。当然，这里提到的爱好并不是说一般的休闲娱乐活动，而是指对一种事物喜爱、沉迷以及钻研。

常常听到一些年轻人诉说生活苦闷、烦恼。他们中有些人常到电影院或的士高中去消磨空闲时间，但当夜深人散时，内心却生出加倍的寂寞和空虚。这是因为他们没有到心灵深处去寻求真正属于自己的那份爱好。

真正的爱好应该是在工作之余，打开琴盖，奏一支曲子；夜晚睡觉之前，掀开书页，读几篇好文章；内心苦闷之时，拿起笔，写一首小诗，或随意写下你心中要说的话；闲暇的时光中，打开颜色盒，把你窗前的一枝新绿描画下来……

有爱好是人生的一种幸运。在繁忙的工作之余，听听音乐，看看画展，看看体育比赛，外出旅行，这些都是很惬意的事。健康的爱好，犹如生活的滋养剂，让人充分地享受人生的乐趣，帮助提高生活质量。只要自己乐意去培植，每个人的生命树上可以开出最可爱的花，结出最甘美的果子。如果你快乐地去迎接每个日子，生活便散发出一种香味来，像新开的花和香草一样。

工作再忙，也要给自己的爱好留一点时间和空间。因为这意味着给自己的精神和心灵留一点时间与空间，只有坚持爱好，精神才会有所寄托，心灵才会有所附着。

3.一生读书，一生光明

书读多了，身上的气质可以在不经意间体现出来，"腹有诗书气自华"，读书能使人心胸开阔、气度高雅、形象清俊、品格升华。能极大地提高人的社会形象和人生价值。

一个人要成功，知识的作用非常重要。只有不断地读书，才能让我们在面对生活和工作时，可以有足够的知识储备供我们随意提取，不仅可以助我们的事业百尺竿头更进一步，还可以交到更多的朋友，积累丰富的人脉。

有一位张董事长，他在年轻时代从事汽车代理业务，积累了1个亿的财富。后来改行做大型百货超市，财富不断翻番，60多岁时，其资产已经近60亿元人民币。

当别人请教他的成功秘诀时，他只是淡淡地说："赚钱其实很简单。我的秘诀就是多读书，不断补充知识，学习、学习、再学习。我的办公室书桌上，永远都会有几本书供我翻阅。"

有一次，他同一家厂商谈判，这家企业的总裁是位四十几岁的荷兰人。他跟这个总裁聊天，聊到最后，他就问荷兰的总裁："总裁啊，你到底是喜欢打高尔夫球，还是喜欢游泳，或者是慢跑？还是其他的嗜好，比如美术？"

荷兰的总裁说："所有的成功者都是阅读者，所有的领导者都是阅读者，因此，我最喜欢的当然就是阅读。"

对方一讲到阅读，张董事长就兴奋起来，因为他本人也非常喜欢读书。他问这个荷兰总裁："那你最喜欢读哪一方面的书籍？"

荷兰的总裁说："我最喜欢研究中国的哲学。"张董事长就问他了：

"你最喜欢读谁的书籍？"他说："我最喜欢读老子的。"张董事长问："你喜欢读老子的什么书？"对方说是《道德经》。恰巧张董事长对老子有30年的研究，对老子的整个哲学理念有非常透彻的理解，于是双方谈得越来越投机。

荷兰总裁对张董事长非常折服，甚至还要拜他为义父，这个合约自然也签下来了。

成功人士总是利用各种机会来阅读，用来帮助自己更快地实现目标和洞察力。因为他们深深地懂得，如果能在某一时刻运用到某一关键知识，所产生的结果非同一般。这些知识将为他们节约大量的金钱和时间。

"好书悟后三更月，良友来时四座春"。捧一本好书，品一杯香茗，曾是很多人生活中的享受。然而，近年来，随着生活节奏加快、工作压力加大以及网络等新兴媒体的崛起，曾经那个渴望读书的时代，仿佛一去不复返了。人似乎有时间逛街购物，有时间泡网，有时间追电视剧，却唯独没有了时间去读书。

每天为生活而打拼时，其实最不能忘了的还是读书，没有源源不断的知识动力和精神支撑，我们拿什么去面对竞争呢。只有读书，你才能很容易地融入时代的潮流，跟上社会发展的节拍，才会激情洋溢地投身你的工作之中。

只有读书，才能够不断地提升自身素质，才能具有良好的精神境界。没有阅读就没有心灵的成长，就没有人们精神的发育。阅读虽不能改变人生的长度，但它可以改变人生的宽度，阅读不能改变人生的物相，但它可以改变人生的气象。不读书的人生是灰色的，只能让你的精神生活渐渐地枯萎。

一个人无法体验所有的人生经验，但通过读书可以间接地了解人生，用前人的经验充实自己。前人把知识转换为文字，供后人阅读、汲取文字中的营养，使我们今天能够少走弯路，少走错路。

4.每个人都有悟性、灵感和才华

生活当中有许多值得我们留心的东西，一幢有特色的建筑、一个装饰漂亮的门面、一间布置典雅的咖啡厅、一本书的封面设计……这当中都有许多值得我们学习的东西，只要我们留心观察和思考，多少都会有所收获。

只要有心，人生处处皆是学问，书本并不是学到知识的唯一途径，有些学问，书本上根本就没有，我们若是死死地抓着书本，而与现实脱轨的话，那就真的要变成一个书呆子了。

老子说：人法地，地法天，天法道，道法自然。天地之间的一切都是有迹可循的，这一切的规律都是学问。

海边捕鱼的人，知道什么时侯潮起，什么时侯潮落。有人观察格外细心，发现潮起潮落和月亮的圆缺，竟然有意想不到的"巧合"。经过不断探索，人们发现了一个秘密，原来"潮汐"竟然与天上的月亮有关。

只要我们处处留心身边的知识，并能够把握住它，就能将它化为己用。

春秋战国时期的鲁班接受了一项建筑一座巨大官殿的任务。这座官殿需要很多木料，由于当时还没有锯子，大家都只好用斧头砍伐，但这样做效率非常低，远远不能满足工程的需要。为此，他决定亲自上山察看砍伐树木的情况。

上山的时候，由于不小心，他无意中抓了一把野草，一下子将手划破了。鲁班很奇怪，一根小草为什么这样锋利？于是他摘下了一片叶子来细心观察，发现叶子两边长着许多小细齿，用手轻轻一摸，这些小细齿非常锋利。他明白了，他的手就是被这些小细齿划破的。后来，鲁班又看到一条大蝗虫在啃吃叶子，两颗大板牙非常锋利，一开一合间就吃下一大片。他发现蝗虫的两颗牙齿上同样排列着许多小细齿，蝗虫正是靠这些小细齿来咬断草叶的。

这两件事给鲁班留下了极其深刻的印象，也使他受到很大启发，陷入了深深的思考。他想，如果把砍伐木头的工具做成锯齿状，不是同样会很锋利吗？于是他们立即下山，让铁匠们帮助制作带有小锯齿的铁片，然后到山上继续实践。鲁班和徒弟各执一端，在一棵树上拉了起来，只见他俩一来一往，不一会儿就把树锯断了，又快又省力，锯就这样发明了。

人生处处皆学问，许多事就像一张窗户纸，在没有捅破之前，你会愁眉不展，两眼茫然。当有人告诉你答案时，你会若有所悟，噢……原来如此。人生需要感悟，有感悟的人生才能变得睿智，才能变得快乐而幸福，才能变得完美而无憾。

人生中，有很多次改变自己命运的机会，是往好的方面改变，还是往坏的方面改变，完全依赖于一个人对当时情形的认识，也就是说，有什么样的看法，往往就会有什么样的命运，有什么样的目标就会达到什么样的结果。一个人的态度决定着他能否走向成功与幸福。保持消极的心态，就会有消极的人生；保持积极的心态，就会有积极的人生。而要保持什么样的心态，完全由我们自己来决定。

一个人具备的天赋和悟性，不在于他年老或年少，而是在于他对事物提出的见解。悟性越好的人，创造性越强；悟性好的人，理解能力也就越强。由此可知，悟性就是我们每个人的深层次智慧；我们每个人都有悟性、灵感和才华，只有发现它、珍惜它，它就会为我们的人生绽放光华。

5.保护好那颗充满好奇的心

相信很多人都有过这样的经历：在面对未知事物时心中略微会有一种不安、自卑，如果此时有人自愿、主动帮助你学习、理解这一未知事物，很可能你会保持高度集中的注意力以及极快接纳知识的速度，这种对未知事物的注意力以及极快的接纳速度就源于对知识的好奇。

心理学中这样定义：好奇心是个体遇到新奇事物或处在新的外界条件下所产生的注意、操作、提问的心理倾向。它容易被外界刺激物的新异性唤醒。好奇心反映了个体的认知需求，不同的个体面对同样的认知信息，会产生不同水平的好奇心，它的强度与个体对相关信息的了解程度有关。

所以，我们需要对知识充满好奇，永远保持初学者的心态，即使你已被公认为大师、教授，面对知识的更新、出现，仍需要保有儿时的好奇心。

爱因斯坦说他之所以取得成功，原因在于他具有狂热的好奇心。美国学者希克森特·米哈伊在谈到好奇心的重要性时说："好奇心需要被保护，也许所有的孩子都有好奇心，但这种对事物的好奇是否能保持到成年甚至老年，很难说。"

在剑桥大学，维特根斯坦是大哲学家穆尔的学生，有一天，罗素问穆尔："谁是你最好的学生？"穆尔毫不犹豫地说："维特根斯坦。"

"为什么？"

"因为，在我的所有学生中，只有他一个人在听我的课时，老是露着迷茫的神色，老是有一大堆问题。"

罗素也是个大哲学家，后来维特根斯坦的名气超过了他。

有人问："罗素为什么落伍了？"维特根斯坦说："因为他没有问题了。"

德国著名化学家李比希把氯气通入海水中提取碘之后，发现剩余的母液中沉积着一层红棕色的液体。他虽然感到奇怪，但并未放在心上，武断地认为这不过是碘的化合物，只在瓶上贴张标签了事。以后一位法国科学家证实红棕色液体含新元素溴，李比希才恍然大悟。他因此称这个瓶子为"失误瓶"，以告诫自己。

达尔文从小就爱幻想，他热爱大自然，尤其喜欢打猎、采集矿物和动植物标本。他的父母十分重视和爱护儿子的好奇心与想象力，总是千方百计地支持孩子的兴趣和爱好，鼓励他去努力探索，这为达尔文写出《物种起源》这一巨著打下了坚实的基础。

有一次小达尔文和妈妈到花园里给小树培土。妈妈说："泥土是个宝，小树有了泥土才能成长。别小看这泥土，是它长出了青草，喂肥了牛羊，我们才有奶喝，才有肉吃；是它长出了小麦和棉花，我们才有饭吃，才有衣穿。泥土太宝贵了。"

听到这些话，小达尔文疑惑地问："妈妈，那泥土能不能长出小狗来？""不能呀！"妈妈笑着说，"小狗是狗妈妈生的，不是泥土里长出来的。"

达尔文又问："我是妈妈生的，妈妈是姥姥生的，对吗？""对呀！所有的人都是他妈妈生的。"妈妈和蔼地回答他。"那最早的妈妈又是谁生的？"达尔文接着问。"是上帝！"妈妈说。"那上帝是谁生的呢？"小达尔文打破砂锅问到底。妈妈答不上来了。她对达尔文说："孩子，世界上有好多事情对我们来说是个谜，你像小树一样快快长大吧，这些谜等待你们去解呢！"

达尔文七八岁时，在同学中的人缘很不好，因为同学们认为他经常"说谎"。比如，他捡到了一块奇形怪状的石头，就会煞有介事地对同学们说："这是一枚宝石，可能价值连城。"同学们哄堂大笑，可是他却并不在意，继续对身边的东西发表类似的另类看法。还有一次，他向同学们保证说，他能够用一种"秘密液体"，制成各式各样颜色的西洋樱草和报春花。但是，他从来就没有做过这样的试验。久而久之，老师也觉得他很爱"说谎"，把他的问题反映到了达尔文的父亲那里。父亲听了，却不认为达尔文是在撒谎，而是在想象。

有一次，达尔文在泥地里捡到了一枚硬币，他神秘兮兮地拿给他的姐姐看，并一本正经地说："这是一枚古罗马硬币。"姐姐接过来一看，发现这分明是一枚十分普通的18世纪的旧币，只是由于受潮生锈，显得有些古旧罢了。对达尔文"说谎"，姐姐很是恼火，便把这件事告诉了父亲，希望父亲好好教训他一下，让他改掉令人讨厌的"说谎"习惯。可是父亲听了以后，并没有在意，他把儿女叫过来说："这怎么能算是撒谎呢？这正说明了他有丰富的想象力。说不定有一天他会把这种想象力用到事业上去呢！"

达尔文的父亲还把花园里的一间小棚子交给达尔文和他的哥哥，让他们自由地做化学试验，以便使孩子们的智力得到更好的发展。达尔文10岁时，父亲还让他跟着老师和同学到威尔士海岸去渡过三周的假期。达尔文在那里大开眼界，观察和采集了大量海生动物的标本，由此激发了他采集动植物标本的爱好和兴趣。

没有好奇心，没有想象力，就没有今天的进化论。而达尔文的父母最成功之处就在于特别注意爱护儿子的想象力和好奇心。

大部分人随着年龄的增长、知识的增多，不再像儿时那样对周围环境存有新奇感。小时候我们认为周围的一切很神秘，总会有些出乎意料的事物等待我们去观察、探索、询问、操作或摆弄。然而随着时间的流逝，很多人不再对周围事物怀有探索、询问的心理。

人只有对事物永远充满好奇，才能始终保持一种初学者的心态，如饥似渴地吮吸知识中的营养成分，进而获取极大的进步。

6.要什么完美，你就是最好的

生活中总是充满着不完美，它偶尔像乌云，有时甚至像电闪雷鸣、狂风暴雨。我们总会遭遇，不能逃脱，而我们该如何面对这样的不完美呢？

有一个小女孩，她出生时右脸上就有一块青色胎记，就像水浒传里的"青面兽"杨志一样。小时候，她尚且不觉得有什么，但随着年岁渐长，周围伙伴异样的眼光越来越明显，她体会到了什么是自卑。从此，她就极少说话。

从10岁以后，她就蓄起了长发，因为她要用她的长发遮住那块丑陋的胎记。她在学校一言不发。

读初二时，班上来了一位新的女英语老师。英语老师年轻漂亮，但就是走路有点别扭，好像有点长短脚。

有一次英语课，老师点到了她的名字。她本能地想抗拒，但出于尊重，还是站了起来，但她仍旧低着头，一言不发。年轻的新老师仿佛早知道这种情况，便轻轻地说："放学后来办公室找我，你同意的话就点点头，行吗？"

女孩很诧异，但出于尊重，还是点了点头。

放学后，她等同学们都离开了，才往办公室走去。办公室也只有年轻的英语老师一个人在。老师关上门，拉上窗帘，只是轻轻地说了一句话："我给你看个秘密。"于是她拉起右腿裤子，露出右脚。

那只右脚小腿以下竟然是一根银色的钢柱！女孩心中涌起一阵同情，为自己，也为眼前的老师。

女教师笑了笑，说："我12岁的时候遭遇了车祸，醒来之后才知道自己没有了右腿。"她像是在说一件毫不相关的事情，"之后我一直愤懑，'为什么遭受灾难的是我?'我怨恨上天，因为你无法想象一个原来能够自由奔跑的人突然失去这种权利后的痛苦。但后来，我渐渐发现，除了不能自由自在地奔跑外，我还可以做很多其他我喜欢的事情，事情并没有我想象的那么糟糕。再后来，我装上了假肢，甚至也能自由奔跑了，你看!"说完她还高兴地跳了跳。

女孩明白了老师想要对自己说的话，是啊，自己想做的事情，难道就不能做了吗?

后来，女孩成了一名作家，这是她一直以来的梦想。

任何的不完美都让人沮丧，几乎是无法避免的。有些人因为自身的不完美而感到羞耻，而怨恨上天的不公平。故事中的小女孩就是这样，她为自己脸上的胎记而感到羞耻，感到抬不起头。她心中必定是充满怨恨的，怨恨一切有着美丽脸庞的人。但这种羞耻又能带来什么呢?除了让我们自己厌弃自己，再没有其他。而这也只能在我们本身已经痛苦的基础上又加了一层痛苦。

羞耻心是人应该有的，但却不应该为自己的不完美，尤其是与生俱来的不完美而羞耻。我们应该以没有向完美努力而羞耻，应该以自己的怨天尤人而耻辱。

达到十全十美只能是人们的愿望，世上没有十全十美的东西，总有些不如意的情况伴随而来。但不完美永远只能是瑕疵，它不可能登堂入室取代美好的感觉。其实这仅仅是一种心态问题，如果你因为一件事稍微不完美，便感到惋惜，这本身无可厚非。但不去享受成功的喜悦，却一味地纠结于瑕疵的懊恼，那么便是自讨苦吃了。这无异于将缺点无限放大，而令自己痛苦不堪。

完美主义者总是十分高要求地对待每一件事。一方面，这是令事情做得更加出色的动力;但另一方面，却也是危险的信号。无法接受缺憾的存的，就像一个幻想主义者，永远只能被自己所束缚，无法体会生活的惊喜。

彼得是美国职业橄榄球队员，他曾经效力过许多球队，并且每次都能神奇地带领球队取得傲人的成绩。在他退役的晚宴上，一位记者问道："彼得先生，在你的职业生涯中曾经取得多次辉煌的战绩，但有没有什么令你感到遗憾的？"

彼得谈笑风生地说："当然有，我又不是上帝。"

记者饶有兴致地问道："那你是否为此而自责呢？"

彼得知道这位记者实际上是有备而来，因为很多人都知道他当年在洛杉矶球队服役时，曾经在关键时刻失误而使球队与联赛冠军失之交臂。虽然这件事过去了很久，但每次谈及他时都会被球迷津津乐道。彼得却十分大度地说："你想说的是我在洛杉矶球队的那个赛季的事吗？以前每次被问及此事时我都刻意回避，那是因为经纪人考虑到我的形象而为我设计的策略。但现在我退役了，说说也无妨。其实在当时我的确有些自责，但这件事对我的影响并没有大家猜想的那么严重。虽然这是第一次重大失误，可哪个运动员的一生又是完美无缺的呢？如果有一天我得了老年痴呆症，那么我想唯一记得的便是那次特殊的经历。因为这样我的人生才真正完美了。"

记者又问："你是说你把这次失误当成一次美好的回忆吗？"

彼得想了想说："也不能算是美好的回忆吧，毕竟这事让我懊恼了好一阵子。但却是最难忘的记忆。"沉默片刻，彼得又补充道："现在每次回忆起来，我非但不会懊恼，反而认为这是丰富我人生的一剂添加剂！"

追求完美的人是对生活态度的极致要求，也是对成功欲的极致体现。渴望成功，渴望成功带来的满足感是人与生俱来的品质。但任何事情都有个度，一味地追求完美，追求胜利的步伐，便很容易忘记胜利背后真正的含义。我们所做的一切，说白了无非是让自己体会快乐、充实和满足感。成功也好，完美也罢，都是为了体味幸福。

人无完人，金无足赤。当我们因为一次过错而令事情产生瑕疵时，需要提醒自己：瑕疵也是一种美。我们可以为自己总结，让下一次不再出现同样的错误。但不应该为此而感到万分纠结，以至于沉迷其中不可自拔。与其被追求完美的欲望所牵累，不如改变墨守成规的想法，接受不完美的存在。把不完美当作一种另类的幸福体验，生活不是更加美好吗？

7.不畏过去，不惧将来

每个人的心里都藏着一个名叫"恐惧症"的小魔鬼，它经常会在你不注意的时候偷袭你，让你对这个世界充满恐惧之情，面对这样一个魔鬼，我们如何才能战胜心中的恐惧？

一个平凡的上班族麦克·英泰尔，在37岁那年做了一个疯狂的决定，放弃他薪水优厚的记者工作，把身上仅有的3块多美元捐给街角的流浪汉，只带了干净的内衣裤，由阳光明媚的加州，靠搭便车与陌生人的仁慈，横越美国。

他的目的地是美国东海岸北卡罗莱纳州的恐怖角。

这只是他精神快崩溃时作的一个仓促决定。某个午后他忽然哭了，因为他问了自己一个问题：如果有人通知我今天死期到了，我会后悔吗？答案竟是那么肯定。虽然他有不错的工作，有美丽的女友，有至亲好友，但他发现自己这辈子从来没有下过什么赌注，平顺的人生没有高峰或谷底。

他为自己懦弱的前半生而哭。一念之间，他选择了北卡罗莱纳州的恐怖角作为最终目的地，借以象征他征服生命中所有恐惧的决心。

他检讨自己，很诚实地为自己的恐惧开出一张清单：打小时候他就怕保姆、怕邮差、怕鸟、怕猫、怕蛇、怕蝙蝠、怕黑暗、怕大海、怕城市、怕荒野、怕热闹又怕孤独、怕失败又怕成功、怕精神崩溃……他无所不怕，却似乎"英勇"地当了记者。

这个懦弱的37岁的男人上路前竟还接到老奶奶的纸条："你一定会在路上被人强暴。"但他成功了，4000多英里路，78顿餐，仰赖82个陌生人的仁慈。

没有接受过任何金钱的馈赠，在雷雨交加中睡在潮湿的睡袋里；也有几个像公路分尸案杀手或抢匪的家伙使他心惊胆战；在游民之家靠打工换取住宿；住过几个陌生的家庭；碰到过患有精神疾病的好心人……他终于来到恐怖角，接到女友寄给他的提款卡（他看见那个包裹时恨不得跳上柜台拥抱邮局职员）。他不是为了证明金钱无用，只是用这种正常人难以忍受的艰辛旅程来使自己面对所有恐惧。

恐惧角到了，但恐怖角并不恐怖。原来"恐怖角"这个名称，是由一位16世纪的探险家取的，本来叫"Cape Faire"，被讹写为"Cape Fear"。只是一个失误。

麦克·英泰尔终于明白："这名字的不当，就像我自己的恐惧一样。我现在明白自己一直害怕做错事，我最大的耻辱不是恐惧死亡，而是恐惧生命。"

在人生的道路上，许多人因害怕失败而不敢"轻举妄动"。这种恐惧的心理，使许多人丧失了成就未来的大好时机。

有一处地势险恶的峡谷，涧底奔腾着湍急的水流，而所谓的桥则是几根横亘在悬崖峭壁间光秃秃的铁索。

一行四人来到桥头，一个盲人、一个聋子，以及两个耳聪目明的正常人。四个人一个接一个抓住铁索，凌空行进。

结果呢？盲人、聋子过了桥，一个耳聪目明的人也过了桥，另一个则跌下深渊失去性命。

难道耳聪目明的人还不如盲人、聋人吗？

是的！他的弱点恰恰源于耳聪目明。

盲人说："我眼睛看不见，不知山高桥险，心平气和地攀索。"

聋人说："我耳朵听不见，不闻脚下咆哮怒吼，恐惧相对减少很多。"

那个过了桥的耳聪目明的人则说："我过我的桥，险峰与我何干？激流与我何干？只管注意落脚稳固就够了。"

佛说："担心做出愚蠢的事，本身就是最愚蠢的事。丧失钱财，损失不大；丧失名誉，损失不小；丧失健康，损失惨重；丧失勇气，一无所有。我们心中的恐惧永远比真正的危险巨大得多。"